制浆造纸生物新技术

陈嘉川　杨桂花　庞志强　著

科学出版社

北京

内 容 简 介

以生物催化为主要内容的工业生物技术被视为生物技术的第三次飞跃。该技术将现代生物技术与传统造纸工业相结合,推动了造纸工业的技术进步,提高了生产效率,实现了清洁生产。近 10 年来,已有多项制浆造纸生物技术得到应用,这些技术包括生物漂白、酶法脱墨、树脂障碍的酶法控制和淀粉胶的酶法制备等。本书围绕生物技术在造纸工业的应用研究开发了一些新技术,包括酶促磨浆、酶促消潜、生物帚化和湿部生物调控等,并详细介绍了与上述技术相关的工艺参数、影响因素、纤维质量、纸浆性能及涉及的一些机制问题。

本书可供制浆造纸、林产化工和植物资源工程等相关行业、学科领域的研究人员、工程技术人员、教师和学生等参考。

图书在版编目(CIP)数据

制浆造纸生物新技术/陈嘉川,杨桂花,庞志强著.—北京:科学出版社,2019.3

ISBN 978-7-03-042961-2

Ⅰ.①制… Ⅱ.①陈…②杨…③庞… Ⅲ.①制浆造纸工业-生物工程 Ⅳ.①TS7

中国版本图书馆 CIP 数据核字(2014)第 309722 号

责任编辑:周 炜 / 责任校对:郭瑞芝
责任印制:吴兆东 / 封面设计:王 浩

科 学 出 版 社 出版
北京东黄城根北街 16 号
邮政编码:100717
http://www.sciencep.com

北京厚诚则铭印刷科技有限公司 印刷
科学出版社发行 各地新华书店经销
*
2019 年 3 月第 一 版 开本:B5(720×1000)
2020 年 9 月第二次印刷 印张:11 1/4
字数:227 000
定价:88.00 元
(如有印装质量问题,我社负责调换)

前　言

生物技术的发展日新月异,其在造纸工业中的应用也越来越广泛。已有的生物技术还在推广中,新兴的生物技术又在不断涌现。基因工程、生物工程和酶工程等广泛渗透到制浆造纸的各个方面。利用生物技术,可以通过生物遗传基因的重组,开发新的优良品种和新的物种;可以通过新陈代谢作用,生产新的有机物质或对某些特定成分进行调控;可以通过酶促反应,改善现有生产工艺或提高效率。

造纸工业的基本原料是植物纤维,化学制浆方法基本是对生物体的化学反应过程,而环境污染物主要是生物体降解的有机物,这是造纸工业可以充分运用生物技术的基础和前提。目前,以改良原料、减轻污染、节能降耗和改善纸浆性能为目的的生物技术在制浆造纸工业中得到了广泛应用。

本书着重介绍几种用于制浆造纸的新的生物技术,包括酶促磨浆、酶促消潜、生物帚化和湿部生物调控。酶促磨浆技术是利用生物酶对纤维的有限降解和软化作用,实现纤维细胞壁的潜态层离,使纤维在磨浆时易于分离,从而降低磨浆能耗,避免纤维的过度损伤。酶促消潜技术是在纸浆消潜过程中用酶制剂对纸浆进行软化修饰,强化纤维潜态消除,使卷曲纤维伸展,从而解决高得率制浆过程中纤维潜态难消除的问题,改善纤维品质。生物帚化技术是通过生物手段实现或促进纤维的帚化。试验表明,生物酶处理可以起到机械帚化的作用,实现生物帚化,使纤维变得柔软、松弛,增加纤维的比表面积,有利于纤维的交织结合。湿部生物调控是通过添加生物酶改善湿部化学环境,提高纸浆的滤水性能和抄造性能。

本书作者在齐鲁工业大学长期从事制浆造纸生物技术的研究工作,相关研究得到了国家 973 计划前期研究专项(2011CB211705)、国家自然科学基金项目(30671648、30972326、31370580)和山东省自然科学基金重点项目(Z2006B08)等的资助,在此表示衷心的感谢。研究生隋晓飞、董毅、穆永生、曲琳、王伟等参与了部分研究工作,在此一并表示感谢。

限于作者水平,书中难免存在疏漏和不妥之处,敬请读者批评指正。

目　　录

第 1 章 绪 论

生物技术在制浆造纸工业中的应用涉及原料、制浆、漂白、废纸脱墨及废水处理等方面。本章对生物技术在制浆造纸工业中各方面的应用进行简要阐述。

早在古代,生物技术就已经被运用到造纸技术中。古代纸张是将树皮、渔网和秸秆等进行自然发酵后经机械处理和抄造而成的。自然发酵就是利用生物技术来处理纸浆,通过微生物的作用除去植物纤维原料中纤维之间存在的黏结物,而使纤维在保持完整的状态下更容易分散(谢来苏,2003)。

随着生物技术的不断发展,制浆造纸技术和生物技术相结合运用到造纸工业中越来越受到行业的重视,在造纸中的应用也越来越广泛(李志健等,2001)。造纸行业存在着原料短缺、能源紧张、污染严重等诸多现实问题,造纸技术与生物技术的进一步结合可以在一定程度上缓解制约造纸行业发展的一些问题。生物技术显然已经成为推动造纸工业实现可持续发展的动力之一(伍安国等,2005)。经过深入研究,目前生物技术已经可以广泛应用于原料生产、制浆造纸过程和废水处理等生产的各个阶段,酶法制浆、酶促漂白、酶法脱墨、酶法改性等技术也都有了不同程度的发展。

1.1 基因重组技术改良纤维原料

基因重组技术也称为脱氧核糖核酸(DNA)重组技术,是指将基因重新组合,然后将组合基因转化或转移到细胞中进行复制和表达,是改良生物性状的有力手段。针对造纸工业对用材特性的需求,可通过基因改良降低造纸原料中木素的含量,增加纤维素的含量,从而提高造纸原料的利用率,缩短树木成材的年限。美国密歇根工业大学使用反义(antisense)技术控制木素合成的基因 Pt4CL1,令其处于抑制状态,取得的转基因杨树的木素含量降低了 45%、纤维素含量增加了 15%,且具有生长速率快的优势,比对照树种高 30%。另外,英国 Zencea 公司、比利时 El-serive 科学公司以及法国生物细胞研究中心都成功利用转基因工程研制出了更加适合制浆造纸工业的纤维原料。

1.2 生 物 制 浆

生物制浆是利用微生物或其酶制剂,对植物纤维原料进行预处理,以生物途径代替化学途径或部分化学途径,然后进行机械、化学机械或化学法处理,使植物纤维原料分离成纸浆(黄峰等,1997)。以生物途径代替或部分代替化学途径制浆造纸自 20 世纪 70 年代初就受到广泛关注,尤其是生物机械制浆的研究(毛丹漪等,2002)。瑞典造纸研究所率先开展这方面的工作,利用能降解木素的白腐菌对木片进行预处理,木片的磨浆能耗显著降低。为降低对纤维的损伤,选育出没有纤维素酶活性的变异菌株。美国林产品实验室联合威斯康星大学等研究机构筛选了大量白腐菌,选育出具有强降解木素能力、对纤维损害小且生长迅速的 *Ceriporiopsis subvermispora* 菌株,把它接种到经蒸气简单灭菌的木片上,培养 2 周后进行热磨机械法(thermomechanical pulping,TMP)制浆。结果显示,生物制浆可节省能耗 38%,提高设备生产能力,减少树脂障碍问题,改善成纸的强度性能。

一些学者从经济、工程和环境的角度对生物机械制浆进行了分析论证,为其进入工业化实施阶段提供了保障(檀俊利等,2000)。Swaney 等从降低能耗和对环境友好的角度论述了生物制浆商业化的可行性,从 50t 的半商业性生产规模的试验结果来看,机械浆的生产成本显著降低,纸浆的质量也可以得到提高。生物预处理多为真菌处理,磨浆能耗的降低程度与真菌的种类、培养条件和纤维原料种类等因素有关,因而强降解木素能力、对纤维损害小和生长迅速菌株的培养受到关注(涂启梁等,2006)。Setliff 利用 *Ceriporiopsis subvermispora* 和 *Plchrysosporium* 对杨木和挪威云杉进行预处理,杨木可以降低 20% 的能耗、挪威云杉降低 13% 的能耗。采用真菌 *C. subvermispora* 处理,火炬松木片生物机械浆的撕裂指数增加 47%~60%、耐破指数增加 33%~46%;采用 *Dikchomitus squalens* 和 *P. chrysosporium* 处理杨木木片,可使成浆的抗张指数增加 40%~72%、撕裂指数和耐破指数增加 1~2 倍。Terhi 分离的真菌 *Physisporinus rivulosus* T241i 应用于挪威云杉生物机械制浆表明,较宽的适宜温度和良好的脱木素选择性使其优于广泛研究的 *Ceriporiopsis subvermispora*。

生物化学制浆期望原料经过微生物处理后能直接成浆,但处理周期过长,不能满足连续生产的要求。相应可行的思路是生物预处理的化学制浆,利用生物预处理的手段,达到相同纸浆硬度时减少化学药品和能源的消耗,或在化学药品不减少的情况下降低纸浆的硬度,以适应无氯漂白的需要(陈嘉川等,2017)。

1.3 生物漂白

生物漂白最早利用降解木素的微生物分解纸浆中的残余木素,使之降解溶出,达到提高纸浆白度的目的。但白腐菌直接处理未漂纸浆的脱木素速率太慢,而且对纤维素也有降解作用。随着研究的深入,以酶制剂为基础的生物漂白逐渐得到认可,且木聚糖酶预漂白技术在生产中得到了广泛应用(王萍等,2000)。生物漂白的主要作用是提高纸浆的可漂性,降低漂白过程的化学药剂用量,减轻漂白过程的污染程度(杨桂花,2009)。

1.3.1　半纤维素酶助漂

在制浆过程中漂白往往是昂贵的操作之一,而且分子氯法漂白会产生少量极毒的二噁英等致癌物,对人类健康造成巨大威胁。木聚糖酶用于漂白既可使化学漂白成本减少 20%,又可明显减少对环境的污染,因而得到了较广泛的应用。

在硫酸盐浆漂白中,第一家采用酶处理方法工艺化应用的造纸厂于 1989 年在芬兰投入运行。硫酸盐浆漂白是一种间接促进漂白作用的酶处理方法,其作用机制是利用木聚糖酶(一种能降解木聚糖的半纤维素酶)从纸浆中除去半纤维素,特别是木聚糖组分。在未漂硫酸盐浆中,部分木聚糖与部分木素存在着化学键的连接,即存在着木素-木聚糖复合体(LCC),以这种形式存在的木素难以漂白,而木聚糖酶使这些复合体中的木聚糖部分降解,使木聚糖与木素的连接断裂,从而有利于后续阶段漂白药剂对木素进行漂白作用。在硫酸盐浆漂白中,经过木聚糖酶处理后,可降低 15%~25% 氯的消耗量,因此这种促进漂白作用的明显效果是减少了有机氯化合物的排放量。另外,对于无元素氯(ECF)和全无氯(TCF)漂白,采用酶处理也具有很好的促进漂白作用。这种方法能降低可吸附的有机卤化合物(AOX)含量约 20%,木聚糖酶处理技术适用于各种漂白工艺以及不同木素含量的针叶木或阔叶木硫酸盐纸浆。该方法的投资费用非常低,因为酶处理可以在生产过程中的储存浆池或中间浆池内进行,使用木聚糖酶的费用可从节约漂白化学品用量中获得平衡。另外,由于减少了 AOX 形成量和降低了环境污染负荷的排放,更具工业化应用的现实意义。工业化的促进漂白作用的酶应用于实际生产的成本为 2~5 美元/t纸浆。

木聚糖酶具有促进漂白的作用,可应用于木材纤维原料以外的原料。对麦草碱法浆漂白的研究发现,由于草浆原料比木材原料含有更多的 LCC,并且碱法草浆中戊聚糖的含量高达 22%,所以木聚糖酶应用于碱法草浆的漂白潜力很大。在可比的白度和漂白得率的情况下,经过木聚糖酶处理后再对纸浆进行氯化-碱处理-次氯酸盐漂白(CEH)三段漂白,可降低氯耗 40%。酶的改良也得到了广泛认识,以提高酶处理的温度和 pH,适应造纸工业生产工艺条件。加拿大国家科学院生命科学研究所和 Iogen 公司合作,利用蛋白质工程技术,用赭色高温单胞菌(*Thernzonzonospora fucsa*)木聚糖酶 N 端的一段氨基酸置换瑞氏木霉(*Trichoderma reesei*)木聚糖酶的相应片段,使重组酶的较适宜温度和 pH 分别提高了 13℃和 0.9。使用 CBHI 的启动子使重组酶在瑞氏木霉中得到高效表达。

1.3.2　微生物漂白

微生物(如白腐菌)具有降解或选择性降解木素的能力,因此最初人们希望通过微生物的处理,除去纸浆中的残余木素,达到漂白效果,或减少化学药剂的用量,减轻有毒有机物对环境造成的污染。试验表明,当菌处理与 CED 化学漂白程序相结合时,可以取得与传统的 CEDED 五段漂白同样的效果,显著减少了有效氯的用量和减轻了漂白废水有机氯的污染。

降解木质纤维素材料的微生物主要是真菌及某些细菌,真菌通过孢子或菌丝感染木材,菌丝分泌特异酶进攻木材纤维细胞壁,造成木材腐朽。基于木材腐朽类型把木素降解真菌分为白腐菌、褐腐菌和软腐菌。白腐菌和褐腐菌属于担子菌纲(Basidiomycetes),软腐菌属于子囊菌纲(Ascomycetes)或半知菌纲(Fungi imperficti)。

具有木素降解能力的微生物主要是放线菌。放线菌以分支丝生长,与丝状真菌相似,可以穿透不溶底物,如木质纤维素。Antai 等用两株链霉菌处理硬木、软木和草类原料。链霉菌在降解木素的同时也大量降解碳水化合物,为其生长提供碳源。与真菌不同,链霉菌是在初级代谢阶段,通过脱甲基、芳环断裂和侧链氧化降解木素。其他细菌,如假单胞杆菌属(*Pseudomonas* sp.)、不动杆菌属(*Acinetobacter* sp.)、芽孢杆菌属(*Bacillus* sp.)和梭菌属(*Clostridium* sp.)等也能降解木素。诺卡氏菌属(*Nocardia* sp.)和黄单胞菌属(*Xanthomonas* sp.)等可以降解木素相关物。细菌以溶解木素作用为主,但使木素降解为 CO_2 的能力远低于白腐菌。

1.3.3　木素酶漂白

目前用于纸浆漂白研究的木素酶主要是木素过氧化物酶、锰过氧化物酶和漆酶。

(1) 木素过氧化物酶。Tien、Kirk、Glenn 在 1983 年分别独立报道,在白腐菌的培养液中发现有可以降解木素的酶,即木素过氧化物酶。1987 年,Farrell 发表专利报道,从白腐菌诱变株培养得到的木素过氧化物酶可以选择性降解木素,可以将纸浆漂白到较浅的颜色。

(2) 锰过氧化物酶。1993 年,Paice 等首次利用含依赖锰过氧化物酶的培养液和纯化的依赖过氧化物酶漂白阔叶木硫酸盐纸浆,发现该酶具有脱除甲基和降解木素的效果。1994 年,Kondo 等用依赖锰过氧化物酶处理阔叶木硫酸盐纸浆,取得很好的脱木素效果;1995 年又利用部分提纯的依赖锰过氧化物酶进行漂白处理,可提高未漂硫酸盐浆白度约 15%ISO。

(3) 漆酶。1883 年,Yoshida 研究东方家具时发现一种可以催化漆的固化过程的蛋白质,这种蛋白质于1894年由Bertrand命名为漆酶。1987～1992年,Call等发表了多篇关于利用漆酶进行纸浆漂白的专利报道。1992年,Bourbonnais和Paice报道了用漆酶漂白硫酸盐纸浆,发现在介体ABTS的存在下纸浆有明显的脱甲氧基和脱木素效果。1994年,Call和Mucke报道了一个漆酶-介体系统,该系统能成功地处理各种不同的浆种,包括阔叶木、针叶木或一年生植物的硫酸盐浆、亚硫酸盐浆和溶剂浆,使纸浆的白度大大提高。1996年,Bourbonnais和Paice用漆酶-ABTS系统在10%浆浓度下处理硫酸盐浆和亚硫酸盐浆,处理后再经碱抽提,浆的卡伯值分别下降了25%～40%和50%,也证明了漆酶-介体技术是很有发展潜力的生物漂白工艺。

1.4 酶 法 脱 墨

传统的脱墨工艺是在碱性条件下添加脱墨剂等多种化学品,采用浮选法或洗涤法将油墨粒子除去。化学法脱墨废水中溶解性有机物污染物含量高,后续废水处理的负荷高。国内外大量的研究表明,与化学法脱墨相比,生物法脱墨工艺在降低能耗、生产成本和水污染负荷方面具有明显的优势。生物法脱墨浆在获得理想脱墨效果的同时,比化学法脱墨浆具有更好的物理性能、良好的可漂性和滤水性。

目前用于废纸脱墨的酶制剂主要有纤维素酶、半纤维素酶、脂肪酶、酯酶、果胶酶、淀粉酶和木素降解酶,其中大多数使用纤维素酶和半纤维素酶。酶法脱墨是采用酶进攻油墨或纤维表面,其中脂肪酶和酯酶能够降解植物油基油墨,果胶酶、淀粉酶、半纤维素酶、纤维素酶和木素降解酶能够改变纤维表面或油墨离子附近的连接键,从而使油墨分离,经洗涤或浮选法脱除。

纤维素酶及纤维素酶与半纤维素酶混合物的脱墨机制尚不完全清楚。目前尚不能说明纤维素酶和半纤维素酶是如何作用于纸浆纤维的,以及它们是怎样通过作用于纤维网络位点促进了脱墨的进行。一些学者根据自己的试验结果分别提出了一些推测性的假说,但也有一些试验对这些假说提出了相反的证据,因此这些假说还有待于进一步证实。综上所述,纤维素酶的酶法脱墨理论主要包括如下6个方面。

(1)水解说。纤维素酶的主要作用是水解纤维素链中的糖苷键,从本质上来说,纤维素酶的酶法脱墨作用可能与纤维素酶对纸浆纤维中纤维素的部分水解有关。Franks等提出,废纸碎解后产生的油墨-纤维和纤维-油墨与单独的油墨粒子相比,具有较差的可浮选性。而纤维素酶对油墨-纤维和纤维-油墨中纤维素纤维的水解作用(尤其是前者)可能会大大促进脱墨效率。Kim提出,酶只是部分水解和解聚纤维表面的微纤维,但这一部分水解作用削弱了表面微纤维相互之间的结合,增加了这些微纤维的自由度,因此墨粉很容易在这些纤维发生分离时被脱除掉。然而,由于纤维素酶的反应性能比较低,在一个很低的酶使用量和一个很短的反应时间内,通过纤维素酶的水解作用完全移去整个纤维的表面层是不可能的。

(2) 机械摩擦说。Zeyer 根据试验结果提出,机械作用对酶发挥作用是一个前提条件。他们用印有墨迹的棉织物和人造纤维的试验数据表明,两者的脱墨效率均随着摩擦作用的增强而增加。机械作用可引起纤维表面纤维素链的破坏,使纤维与油墨的结合部位突起,提高了纤维素酶对纤维素的可及度,增加了酶对纤维的攻击性,然后通过纤维素酶的水解作用使油墨从纤维上脱落下来。这一机械摩擦说也可以解释中纸浆浓度比低纸浆浓度时的酶法脱墨效果要好的现象。然而,Putz 和 Kaya 等却对这种机械作用的重要性表示怀疑,因为在较高的纸浆浓度时,增加剪切力或延长机械剪切时间并不能增加脱墨效果,反而较高的剪切力易于使酶失活。

(3) 纤维剥离说。纤维素酶剥离纤维表面层的现象早在 19 世纪 80 年代初就被发现。Eom 提出,纤维素酶剥离了纤维表面的纤维层,从而使油墨粒子被脱除。这一假说的证据就是在纤维素酶作用之后纸浆的自由度增加了。但正如前面所指出的一样,脱墨中使用的酶剂量太低和反应时间太短不足以引起纤维的大量解聚而移去整个纤维的表面层。

(4) 间接作用说。Jeffries 认为,酶的作用实际上可能只是一种间接作用,也就是说酶脱除了纤维表面的某些微纤维和细小纤维,因此改善了纸浆的自由度,促进了后续的漂洗作用,使墨粉在漂洗过程中被脱除。非撞击印刷纸在经酶处理后,结合有墨粉的微纤维被酶除掉,增加了墨粒的疏水性,因此促进了后续的分离漂洗。但 Putz 的试验表明,在酶洗脱墨中,细小纤维成分并不总是减少。这一假说还需要通过对不同酶、不同纸基和不同油墨进行组合试验来验证。

(5) 酶无效说。Woodward 等提出,纤维素酶的催化水解作用在脱墨中并不是必需的。因为纤维素酶可以在非最适条件下发挥脱墨作用,并且在制浆过程中只有当表层纤维素酶的结合而从纤维表面脱落达到一定的程度,才能够引起墨粉的释放。Jeffries 曾提出脱墨并不是由于酶的作用,而是由于一些为了增强酶的稳定性而添加的稳定剂所起的作用,因为在用经过热失活处理的酶制剂时,纸浆中残存的油墨面积并不比用活性酶试验观察到的残存油墨的面积大。另外,Zeyer 的试验还发现,脱墨作用会随着酶的失活而意外地发生倒转。

(6) 半纤维素酶的脱墨作用。半纤维素酶主要是通过破坏木素-碳水化合物的键合,从纤维素表面释放木素。因此,油墨随着木素的脱除而分散。Heitmann 和 Prasad 在试验中也证实,半纤维素酶在促进新闻纸的脱墨时伴随着木素的释放。

综上所述,纤维素酶的酶法脱墨作用是机械作用与酶学作用综合作用的结果。纤维素酶的脱墨机制实质上就是纤维素酶的作用机制。脱墨用酶是粗酶液，其中含有多种酶组分，不同的酶组分在脱墨中可能起着不同的作用。在纸浆的酶处理过程中，会发生纤维素结晶区的无定形化、脱链、解聚、水化膨胀和断裂等一系列物理、化学变化，因此对油墨的去除和纸浆的物理性能会产生一系列影响。

1.5 酶促打浆

能源消耗大是制浆造纸工业面临的三大问题之一，在一定程度上制约着造纸工业的发展。降低打浆能耗是造纸工作者亟须解决的一个问题。早在1986年就报道了木聚糖酶对漂白化学浆的酶促打浆作用，在粗酶液中加入$HgCl_2$，以抑制纤维素内切酶的作用，使木聚糖可以选择性地水解。酶处理后的纤维表现出外部细纤维化和良好的可打浆性，因而可降低能量消耗。

对针叶木化学浆打浆，利用来自 *Aspergillus* L22 的纤维素酶进行处理，适宜酶用量为$0.05\sim0.2IU/g$浆时，打浆能耗可降低15%以上。另外，对木聚糖酶降低打浆能耗也有报道，可降低能耗10%以上。对于阔叶木浆，经过纤维素酶处理的打浆度比未经过酶处理的高，但裂断长、伸长率、撕裂指数、耐破指数都有所降低，而白度和松厚度有所增加。

1.6 废水处理

造纸废水的生物处理技术就是利用微生物的新陈代谢功能，使废水中呈溶解和胶体状态的有机污染物被降解并转化为无害稳定的物质，从而使废水得以净化。通过人为地创造适合于微生物生存和繁殖的环境，使之大量繁殖，以提高其氧化分解有机物的效率。根据使用的微生物种类，废水处理方法可分为好氧法、厌氧法、生物酶法和光合细菌法等。

好氧法是利用好氧微生物在有氧条件下降解代谢来处理废水的方法，常用的好氧法有活性污泥法、生物膜法、生物接触氧化法、生物流化床法等。厌氧法是在无氧的条件下通过厌氧微生物降解代谢来处理废水的方法。厌氧法的操作条件要比好氧法苛刻，但具有更好的经济效益，因此也具有重要地位。目前开发出的有厌氧塘法、厌氧滤床法、厌氧流动床法、厌氧膨胀床法、厌氧旋转圆盘法、厌氧池法、升流式厌氧污泥床法等。生物酶法处理有机物的机制是先通过酶反应形成游离基，然后游离基发生化学聚合反应生成高分子化合物沉淀；与其他微生物处理相比，酶处理法具有催化效能高，反应条件温和，对废水质量及设备情况要求较低，反应速率快，对温度、浓度和有毒物质适应范围广，可以重复使用等优点。光合细菌法处理造纸废水，具有有机污染物去除率高、设备简单、基建投资少、占地面积小、管理容易、运行费用低等优点,而且菌体污泥是对人畜无毒性、富含维生素的蛋白质饲料。

生物酶处理有机物是先通过酶反应形成游离基,然后游离基发生化学聚合反应生成高分子化合物沉淀。固定化微生物处理造纸漂白废水的研究表明,固定化细胞的酶活性及可吸附 AOX 去除率均高于自由菌液,对温度和 pH 的适应范围较宽;对造纸漂白废水为期 1 个月的连续处理试验表明,在停留时间为 2.4h 时,其去除率可稳定为 65%~81%。选育优势菌处理含氯漂白废水的研究表明,优势菌在漂白中段水相对浓度为 50%、pH 为 7.0、菌液量为 2mL 时,对废水中有机氯化物和化学需氧量(chemical oxygen demand, COD)的综合处理效果较好。

应用生物技术处理制浆工业废水,可以使废水脱色、脱臭、解毒以及除去废水中的有机物生化需氧量(biochemical oxygen demand, BOD),效果明显。生物处理制浆工业废水有好氧处理(如曝气法、活性污泥法、生物转盘法等)和厌氧处理。厌氧处理制浆废水可产生甲烷,回收能量。针对制浆造纸废水特性,研究用酶破坏氯漂白废水中的氯化有机物,尽可能降低有机氯化物的含量,同时有更高的色度去除率。Messner 等将白腐菌 *P. chrysosporium* BKM/F-1767 固定在滴滤器的多孔泡沫载体上(MYCOPOR 工艺),停留时间为 6~12h,其 AOX 去除率、COD去除率及脱色率分别达到 80%、40% 和 87%。瑞典某硫酸盐制浆工厂结合超滤采用厌氧-好氧生物方法处理纸浆漂白废水,BOD 可降低 95%、AOX 可降低 80%,并且脱色率达到 50%。另外,美国、加拿大和日本采用白腐菌对硫酸盐纸浆漂白废水进行脱色,也取得了很明显的效果。

造纸废水具有浓度高、色度深、水量大、含纤维悬浮物多、BOD 和 COD 含量高等特点,其综合治理一直是国内外造纸和环境保护界的研究热点。生物法处理造纸废水具有效率高、成本低、不产生二次污染等优点,随着造纸工业和生物技术的迅猛发展以及对环境质量要求的提高,生物法是解决我国造纸工业水污染的最终出路,生物处理技术必将在制浆造纸工业废水处理中得到更广泛的应用。

1.7　纸 浆 改 性

近年来,广大研究者致力于利用酶改善纤维性能、提高纸浆的滤水性能和纸浆强度的研究。传统方法是利用纤维素酶和半纤维素酶对纤维进行改性。但是,经过改性后的纸浆的滤水性能有所下降。最近,利用木素降解酶中的漆酶对纤维进行改性,以提高纸浆强度已得到广泛关注。据国外报道,用漆酶介体体系来改善未漂硫酸盐浆的性能,纸浆的湿强度有显著地提高。用漆酶处理磨石磨木浆能改善纸张强度及增干强度。漆酶与纤维表面的酸基进行接枝作用可以改善纸浆强度和润胀性能。

1.8　树脂障碍控制

以木材为原料的制浆造纸厂的树脂障碍问题由来已久。在制浆造纸过程中，纸浆中的树脂会以多种方式沉积在设备表面产生树脂问题，直接或间接导致产品品质和产量的下降。由于纸厂用水封闭循环的日趋完善、二次纤维用量的增加、纸机车速的提高、造纸用材种类的扩展、碱性抄纸技术的应用等因素的影响，树脂问题将成为造纸工业中日益突出的问题之一。人们已经做出了很多努力来消除或控制生产过程中的树脂问题，如化学控制、机械控制、工艺控制，生物控制也受到重视。

利用生物技术解决纸厂中的树脂问题是近年来热门的课题。该方法主要有两种方案：一是利用脂肪酶处理纸浆，通过水解甘油三酸酯而达到控制树脂沉积的目的，因为许多研究表明树脂中甘油三酸酯是产生树脂障碍的有害组分之一。二是利用真菌处理木片，通过降低木片中树脂含量抑制树脂障碍的产生；或利用真菌处理白水，降低白水系统中树脂成分的浓度，以减少树脂沉积物的产生。

大部分脂肪酶具有三维立体结构，可对甘油三酸酯中的 Sn-1、Sn-3 酯键进行选择专一性水解，而对 Sn-2 酯键无作用。也有某些脂肪酶，如由 *Candida lipolytica* 制得的脂肪酶对甘油三酸酯的水解没有专一性，它们可以从甘油的几个位置上释出脂肪酸，最终得到甘油和游离脂肪酸。

一般认为，酯解反应只能发生在异相系统，即在酯-水界面上作用，而对均匀分散的或水溶性底物无作用。这种现象可用界面激活理论来解释：脂肪酶分子的三维结构中有一个活性面，它被称为"盖子"的环状物遮盖着。当酶分子接近两相界面时，这个"盖子"打开，酶分子由封闭形式变为开放形式，使活性面接触到外界溶剂，此时一个大的疏水性表面暴露出来，使酶分子很容易吸附在两相界面上进行催化反应。但某些脂肪酶不仅不产生界面激活现象，并且还存在着一个两性分子的"盖子"遮盖着它们的"活性面"。单纯认为"盖子"和界面激活是脂肪酶特有的概念并以此来定义一种脂肪酶是不全面的，因此现在对脂肪酶的定义十分简单：它是一种可以催化水解长链甘油三酸酯的羧酸酯酶。

脂肪酶和其他酶一样具有高效性特点，即使用少量酶就会产生很明显的催化效果。在用脂肪酶处理纸浆时，大部分脂肪酶分子吸附在纤维上，而并未分散游离在浆水系统中。对于不含树脂的浆，在混合 5min 内，超过 90% 酶分子吸附在纤维上；对于含有树脂的浆，混合 1min 内，近 100% 的酶分子吸附在纤维和树脂粒子上。

利用生物酶只作用于甘油三酸酯键的专一性来水解纸浆中造成树脂障碍的甘油三酸酯，从而达到控制树脂沉积的目的。但是，目前酶法尚存在作用效率低的问题。表面活性剂具有对油相和水相亲和的性质，可以吸附系统中憎水的胶状树脂,使树脂失去其特有的黏性,从而抑制树脂的黏附、聚集和沉积。此外,已经发生聚集的胶状分散树脂也可以吸附表面活性剂,降低树脂表面的黏度,避免其进一步聚集和沉积。因此,如果将表面活性剂和酶共同作用于纸浆,并且采用树脂模拟物的分析方法不仅有可能提高酶的使用效率,节省酶用量,使脱脂处理更加符合造纸厂的实际生产条件,而且更可以达到事半功倍的效果。

与传统的树脂障碍控制法相比,生物控制法具有效果好、成本低的优点,但对环境条件的要求比较苛刻。脂肪酶的活性受温度和 pH 的影响很大。一般情况下酶不耐高温,温度超过 70℃其活性将严重丧失。酶有一个最适宜的 pH,偏离了这个 pH,酶的活性也会大大降低。因此,如果能够提高脂肪酶的活性适应温度和拓宽 pH 适应范围将大大提高它的适应性。

研究者发现,大多数真菌只对树脂中的某一种或两种组分具有良好的降解能力,而不能对所有的树脂组分都有同样的效果,因此提出了真菌体系的设想。此体系包括多种可共存的真菌,每种真菌发挥其各自特长针对树脂中某种组分进行降解,最终达到共同降解树脂的目的。总之,理想的可用于降解树脂的真菌应具备以下特点:处理木片时不产生色素,不使木片变黑;降解树脂时不影响纤维强度;适用材种广,对边材和心材的树脂具有同样的降解能力,且可在较大的温度范围内生长;可有效去除甘油三酸酯、甾醇酯和蜡;不受高浓度游离脂肪酸和游离树脂酸毒害的影响。

参 考 文 献

陈嘉川,李凤宁,杨桂花. 2017. 非木材生物制浆技术新进展. 中华纸业,38(4):7-12.
黄峰,陈嘉祥,余家鸾,等. 1997. 制浆造纸工业中的微生物及其酶. 中国造纸学报,12(1):109-116.
李志健,王志杰,张素凤. 2001. 生物技术在纸浆造纸中的应用与研究进展. 中国造纸,20(1):51-54.
刘晶,李晨曦,刘洪斌. 2018. 纤维素酶在造纸过程中的应用. 中国造纸,37(2):48-53.
毛丹漪,戴蒨,余菁. 2002. 酶在造纸工业中的应用. 造纸化学品,14(2):38-41.
檀俊利,卢雪梅,刘先良. 2000. 生物机械浆的研究进展. 中国纸业,21(2):41-43.
涂启梁,付时雨,詹怀宇. 2006. 纤维素酶和半纤维素酶在制浆造纸工业中的应用. 西南造纸,35(3):27-29.
王萍,付时雨,张友能. 2000. 生物技术在纸浆漂白中的应用. 湖南造纸,(4):22-24.
伍安国,曾辉,苏庆平. 2005. 生物技术在造纸工业中的应用研究进展. 西南造纸,34(2):15-19.
谢来苏. 2003. 制浆造纸的生物技术. 北京:化学工业出版社.
杨桂花. 2009. 木聚糖酶在速生杨制浆过程中的应用研究. 广州:华南理工大学博士学位论文.
杨桂花,陈克复,陈嘉川,等. 2009. 速生杨 NaOH-AQ 浆 ECF 和 TCF 漂白. 中国造纸,28(3):11-14.

第2章 酶促磨浆

资源与环境问题迫使机械浆的生产得到迅速增长。与化学法制浆相比,机械法制浆建设费用低、成浆得率高、污染少,且机械浆具有较高的不透明度、光散射系数、松厚度和良好的适应性等优点,这些优点使机械浆成为低定量涂布纸、超级压光纸、轻型纸和新闻纸等纸种抄造必不可少的浆种。但目前机械制浆技术磨浆工段的能耗很大,例如,热磨机械浆的吨磨浆能耗为 $1800\sim2300kW\cdot h$,木片盘磨机械浆的吨磨浆能耗为 $1600\sim2200kW\cdot h$,且成浆的物理强度低、白度稳定性差,这些缺点限制了机械浆生产的进一步发展。因此,需要对机械浆进行生物酶处理,以降低磨浆能耗,改善机械浆的性能。

2.1 纤维素酶的酶促磨浆

针对机械制浆技术现状,各国从不同途径开展研究以改进现有机械制浆生产,研究的主要目的包括降低能耗、减轻污染、改善纸浆性能和扩大纸浆的应用范围等,尤其国际范围内出现的能源短缺问题促使降低磨浆能耗的研究成为一大热点(陈嘉川等,2006)。现代生物技术的发展为该问题的解决提供了较好途径(杨淑蕙,2001)。研究发现,生物预处理机械制浆技术可降低能耗、改善纸浆性能、清洁环保。生物预处理机械制浆多采用真菌处理,此技术存在预处理时间长、存储空间大、生产效率低和生产成本高等一系列问题而影响其大规模应用(张岔等,2005)。现有的磨浆理论认为,第一段磨浆为纤维彼此离解、分离成单根纤维的粗磨过程,此段磨浆能耗相对较少,而此段较高的磨浆温度使木素塑化涂覆于纤维表面影响后续处理,改性此部分木素可改善第二段精磨的磨浆性能;第二段磨浆为单根纤维的分丝帚化、提高结合强度的精磨过程,此段磨浆能耗相对较高。针对微生物和生物酶技术现状,采用酶促磨浆技术,即在第一段磨浆后采用酶处理以降低单根纤维分丝帚化精磨段的磨浆能耗,比现有先真菌预处理后两段磨浆的生物机械制浆更具有现实意义,且酶处理可改善纸浆的光学和物理强度性能(杨桂花等,2010)。

20世纪50年代早期,许多专家和学者已开始对纤维素酶及其相关的领域进行积极的探索研究(谢来苏,2003)。纤维素酶很早就被应用于制浆工艺中,主要是改善机械浆纤维粗度和纸页强度。纤维粗度是评价纸浆质量、预测纸浆在纸机上的适应性以及成纸印刷适应性的很好方法。纤维粗度小,造纸的纸页细腻、平滑度好;粗度大,纸页的松厚度增加,裂断长、耐破度、撕裂度及耐折度下降。

　　生物机械制浆除了可以增加纸浆的强度性能之外,还能显著降低机械磨浆时的能量消耗(刘晶等,2011)。在磨浆前进行白腐菌的生物预处理,能够节省大量的能量并且改善纸页性能(隋晓飞,2007)。然而这些令人鼓舞的试验结果并没有实现商业化。虽然原木片不容易进行生物酶处理,但是在盘磨运转后加入生物酶能起很好的作用。在第二段磨浆之前加入纤维素酶和半纤维素酶对机械浆纤维粗度进行改性,用少量的纤维二糖水解酶和半纤维素酶对上述纸浆进行改性能够分别节省 20% 和 5% 的能耗。

　　采用不同纤维素酶对杨木机械浆第一段磨浆后的纸浆进行处理,重点探讨纤维素酶处理对磨浆能耗、纸浆性能及可漂性能的影响,以期得出纤维素酶处理对杨木粗磨纸浆性能的改善及优化工艺条件。

　　杨木片取自山东某纸浆厂,尺寸为 3cm×3cm×0.5cm,经挤压疏解,然后在高浓盘磨机中进行一段磨浆(磨浆间隙为 0.3mm)。

　　绿色木霉产纤维素酶,取自山东省食品发酵研究院。

　　一段杨木浆的纤维素酶处理及酶处理后木片磨木浆(refiner mechanical pulp,RMP)的过氧化氢漂白,均在聚乙烯塑料袋中进行。将一定量的纸浆和粗酶液或漂液放入塑料袋中混合均匀,用 HCl 或 NaOH 调节 pH,然后置于恒温水浴中,每隔 15min 轻揉塑料袋,使浆样与酶液或漂液混合均匀,至规定时间后取出洗涤至中性。酶处理工艺条件为:磨浆浓度为 10%(质量分数),温度为 50℃、60℃、70℃,时间为 2h,pH 为 5~6,酶用量为 5IU/g 浆、15IU/g 浆、30IU/g 浆。过氧化氢漂白的工艺条件为:磨浆浓度为 12%,温度为 70℃,时间为 2h,pH 为 11;药品用量(相对于纸浆的质量分数)为 Na_2SiO_3 4%、$MgSO_4$ 0.05%、EDTA 0.3%、H_2O_2 3%、NaOH 2%。

　　漂后纸浆用 100 目洗浆袋进行洗浆至中性。

　　纤维素酶液处理的浆样进行 PFI 磨第二段磨浆,磨浆浓度为 10%、磨浆间隙为 0.25mm、磨浆压力为 3.33N/mm、打浆度控制在 40~50°SR,用肖伯尔式打浆度测定仪进行测定,然后用凯塞快速成型器抄成纸片,检测各种性能。漂白 RMP 抄成纸片,检测纸张物理性能。

2.1.1　纤维素酶处理对纸浆磨浆性能的影响

　　纤维素酶可以降解纸浆纤维表面的部分细小纤维,以改善纸浆的后续磨浆性能。

　　纤维素酶处理对第一段磨浆后纸浆打浆度及后续打浆性能的影响见表 2.1。表中数据显示,经过纤维素酶处理后,纸浆打浆度均有所提高,但提高幅度较小,这说明纤维素酶处理本身对纸浆打浆度的影响较小,但酶处理后的纸浆经过 PFI

磨 5000r 磨浆后打浆度有明显提高,酶处理后纸浆打浆度由 12.0～15.0°SR 提高到 42.0～51.0°SR,提高了 30.0～38.5°SR,而对照纸浆仅提高了 27°SR。与对照纸浆相比,经过各种条件酶处理的纸浆打浆度提高了 4.0～13.0°SR。可见,酶处理对纸浆的后续打浆性能有较大影响,在相同磨浆转数下,能够赋予纸浆较高的打浆度,即在打至相同打浆度时,酶处理浆能够明显降低磨浆能耗。

表 2.1 纤维素酶处理与磨浆的关系

纸浆	温度/℃	酶用量/(IU/g 浆)	第一段磨浆后酶处理浆打浆度/°SR	第二段 PFI 磨磨浆后打浆度/°SR	打浆度增加值[a]/°SR	打浆度提高比例[b]/%
酶处理纸浆	50	5	12.0	42.0	4.0	10.5
		15	12.5	44.0	6.0	15.8
		30	13.0	43.0	5.0	13.2
	60	5	14.0	42.0	4.0	10.5
		15	15.0	48.0	10.0	26.3
		30	15.0	45.0	7.0	18.4
	70	5	13.0	49.0	11.0	28.9
		15	13.5	51.0	13.0	34.2
		30	13.0	48.0	10.0	26.3
对照纸浆	—	0	—	38.0	0.0	—

注:第一段磨浆后纸浆打浆度为 11.0°SR,打浆在 PFI 磨中进行,绝干浆量 30g,浓度为 10%,室温,磨浆转数为 5000r,线压为 17.7N/cm,打浆辊与打浆室间隙为 0.25mm。

a. 打浆度增加值为酶处理与对照纸浆第二段 PFI 磨磨浆后的打浆度的差值。

b. 打浆度提高比例为酶处理第二段磨磨浆后的打浆度相对于对照纸浆提高的比例。

随着酶液处理温度由 50℃上升到 70℃,磨浆效果有所改善,打浆度提高明显,尤其在 60℃和 70℃处理条件下效果较好,纸浆打浆度高达 45.0～51.0°SR。酶用量为 5IU/g 浆、15IU/g 浆和 30IU/g 浆时,不同温度条件下的纸浆磨浆效果都呈现先上升后下降的趋势。在 60℃和 70℃条件下,酶用量为 15IU/g 浆时打浆效果较好,打浆度分别达到了 48.0°SR 和 51.0°SR,提高比例分别为 26.3% 和 34.2%,酶促磨浆效果显著。

2.1.2 纤维素酶处理对纸浆光学性能的影响

用纤维素酶对第一段磨浆后杨木浆进行处理,纸浆光学性能变化见表 2.2。

纤维素酶处理对纸浆的不同光学性能指标的改善具有不同的效果。与对照纸浆相比,经过酶处理的纸浆的松厚度有明显提高,而且在温度50℃下提高幅度较小;纸浆的不透明度有所提高;光吸收系数有所降低,尤其在60℃下光吸收系数下降明显,仅为 2.4~2.7m²/kg,低于对照纸浆的 3.6m²/kg;纸浆白度在纤维素酶处理后有不同程度的提高,尤其在60℃下纸浆白度达到了 57%ISO 以上,比对照纸浆提高了 7%ISO;纸浆的光散射系数有不同程度的提高,60℃下纸浆光散射系数提高到43m²/kg 左右,比对照纸浆提高了约 5m²/kg。

表 2.2　纤维素酶处理与纸浆光学性能的关系

纸浆	温度/℃	酶用量/(IU/g 浆)	松厚度/(cm³/g)	白度/%ISO	不透明度/%	光吸收系数/(m²/kg)	光散射系数/(m²/kg)
酶处理纸浆	50	5	3.8	53.1	93.0	3.6	41.7
		15	3.8	56.5	92.5	3.5	41.5
		30	3.8	56.5	91.3	3.6	41.4
	60	5	3.8	57.2	91.3	2.6	42.7
		15	3.9	57.3	91.7	2.7	43.6
		30	3.8	57.2	91.0	2.4	42.2
	70	5	3.8	53.2	92.1	3.3	40.6
		15	3.8	53.0	92.1	3.3	40.8
		30	3.9	51.0	91.7	3.4	40.9
对照纸浆	—	0	3.7	50.5	91.7	3.6	38.2

综上所述,与对照纸浆相比,在不同处理温度下,纤维素酶处理后的纸浆的光学性能指标呈现不同的效果,其中,松厚度和不透明度均有增加,白度和光散射系数随着酶用量的增加呈现先上升后下降的趋势,综合考虑,60℃和酶用量 15IU/g 浆为较优处理条件,此条件下纸浆的各项光学性能指标较好,可以明显改善纸浆性能。

2.1.3　纤维素酶处理对纸浆强度性能的影响

用纤维素酶对纸浆进行处理后,纸浆强度有不同程度的改善。酶处理对纸浆强度性能的影响见表2.3。与对照纸浆相比,经过酶处理的纸浆的各项强度性能指标均有所提高,但提高幅度不同。纸浆的裂断长在 60℃ 处理温度下高达 0.31~0.36km,提高幅度较大;撕裂指数由对照纸浆的 0.90(mN·m²)/g 提高到

1.55~2.23(mN·m²)/g,而且在 60℃处理温度下纸浆的撕裂指数均超过了
2.11(mN·m²)/g;耐破指数提高幅度不明显。

表 2.3　纤维素酶处理与纸浆强度性能的关系

纸浆	酶用量/(IU/g浆)	裂断长/km			撕裂指数/[(mN·m²)/g]			耐破指数/[(kPa·m²)/g]		
		50℃	60℃	70℃	50℃	60℃	70℃	50℃	60℃	70℃
酶处理纸浆	0.42	5	0.28	0.35	0.22	1.76	2.11	1.55	0.49	0.58
	0.43	15	0.29	0.36	0.22	1.75	2.23	1.73	0.51	0.60
	0.40	30	0.21	0.31	0.20	1.55	2.18	1.58	0.40	0.52
对照纸浆	0		0.19			0.90			0.40	

　　温度是影响生物酶活性的重要因素,因此,温度的变化对纤维素酶处理效
果会产生一定的影响。由表 2.3 中数据可以看出,随着温度的提高,纸浆的各
种强度性能指标呈现先上升后下降的趋势,其中在 60℃下酶处理效果最佳。
随着酶用量的增加,在不同处理温度下,纸浆强度性能指标呈现先上升后下降
的趋势,其中以 15IU/g 浆酶用量下纸浆的强度性能指标提高幅度较大,具有
较好的酶处理效果。因此,较优的酶处理条件为温度 60℃和酶用量 15IU/g 浆,此
条件下,纸浆的各种强度性能指标均有明显提高,从而改善了纸浆的强度
性能。

2.1.4　纤维素酶处理对漂白浆光学性能的影响

　　对杨木浆第二段磨浆后的纸浆进行纤维素酶处理,酶处理对漂白浆光学性能
的影响见表 2.4。纤维素酶处理对纸浆后续漂白性能的改善具有不同的影响效
果。与对照纸浆相比,经过不同条件下酶处理的漂白浆的松厚度均有不同幅度的
提高,而且松厚度提高至 4.2cm³/g 以上;对于不透明度,不同酶处理条件下的纸
浆均有所下降,在 60℃和 70℃时不透明度低于 80%;光吸收系数均有明显降低,
与对照纸浆相比,不同酶处理条件下纸浆的光吸收系数仅为 0.30m²/kg 左右,低
于对照纸浆的 0.66m²/kg;经过酶处理后纸浆的白度在漂白处理后均有大幅度提
升,纸浆白度均达到了 76.0%ISO 以上,比对照纸浆提高 6.0%ISO 以上;对于光
散射系数,经过酶处理的漂白后纸浆均有所增加,纸浆的光散射系数基本在
37.0m²/kg 以上,比对照纸浆 36.3m²/kg 提高了 1m²/kg 以上。

表 2.4　纤维素酶处理与漂白浆光学性能的关系

纸浆	温度/℃	酶用量/(IU/g 浆)	松厚度/(cm³/g)	白度/%ISO	不透明度/%	光吸收系数/(m²/kg)	光散射系数、/(m²/kg)
酶处理纸浆	50	5	4.2	76.1	80.8	0.31	38.7
		15	4.2	76.7	80.2	0.28	37.9
		30	4.2	76.4	80.1	0.30	36.5
	60	5	4.3	76.1	79.7	0.33	37.6
		15	4.3	76.5	79.8	0.30	37.7
		30	4.3	76.3	79.6	0.29	37.2
	70	5	4.3	76.3	79.5	0.30	38.1
		15	4.4	76.2	79.1	0.31	38.1
		30	4.3	76.1	79.7	0.32	38.6
对照纸浆	—	0	4.2	70.2	83.2	0.66	36.3

综上所述,纤维素酶处理可以提高纸浆的后续漂白性能,纸浆的白度和光散射系数均有明显提高。其中,在 60℃和 15IU/g 浆处理条件下具有较好的后续漂白效果,能够显著改善纸浆漂白性能。

2.1.5　纤维素酶处理对漂白浆强度性能的影响

纤维素酶处理对第二段磨浆后漂白浆的强度性能的影响见表 2.5。表中数据显示,与未经过酶处理的对照漂白浆相比,经过酶处理的漂白浆的强度性能指标均有所提高,但提高幅度不同。纸浆的裂断长均有不同程度的提高;其中,在 60℃下提高幅度最大,由对照纸浆的 0.20km 提高到了 0.34～0.43km;纸浆的撕裂指数由对照纸浆的 1.44(mN·m²)/g 提高至 2.24～2.88(mN·m²)/g,而且在 60℃和 70℃处理温度下纸浆的撕裂指数均超过了 2.50(mN·m²)/g;纸浆的耐破指数提高不明显,但在 60℃和 70℃处理温度下纸浆的耐破指数均超过了 0.72(kPa·m²)/g。

酶处理温度对酶处理效果具有一定影响,随着处理温度的提高,纸浆的强度性能呈现先上升后下降的趋势,在 60℃处理温度下酶处理效果最佳。由试验结果可以看出,在改善纸浆强度性能方面,较优的酶处理条件为温度 60℃和酶用量 20IU/g 浆,此条件下漂白后纸浆的物理性能得到明显提高。

表 2.5　纤维素酶处理与漂白浆强度性能的关系

纸浆	酶用量/(IU/g浆)	裂断长/km			撕裂指数/[(mN·m²)/g]			耐破指数/[(kPa·m²)/g]		
		50℃	60℃	70℃	50℃	60℃	70℃	50℃	60℃	70℃
酶处理纸浆	5	0.29	0.41	0.34	2.40	2.56	2.88	0.68	0.76	0.78
	15	0.27	0.43	0.33	2.24	2.88	2.88	0.65	0.78	0.75
	30	0.26	0.34	0.30	2.24	2.56	2.56	0.62	0.79	0.72
对照纸浆	0		0.20			1.44			0.65	

2.1.6　小结

（1）杨木盘磨机械浆在第一段磨浆后、第二段磨浆之前用纤维素酶进行预处理，酶处理本身并不能明显提高打浆度，但能够赋予纸浆较好的磨浆性能，在同样磨浆条件下，酶处理纸浆打浆度比对照纸浆提高了 4.0～13.0°SR，打浆度增加了 10%～34%，在相同磨浆条件下，磨浆至相同打浆度时，酶处理能够明显降低磨浆能耗。

（2）与对照纸浆相比，酶处理后纸浆松厚度、不透明度、光散射系数和白度均有不同程度的提高。白度比对照纸浆提高了 1.0%～7.0%ISO，光散射系数比对照纸浆提高了 2～5m²/kg。纸浆各种强度性能指标也均有不同程度的提高，裂断长和撕裂指数提高显著，而耐破指数略有提高。

（3）第二段磨浆后，纸浆的后续漂白性能得到提高，白度比对照纸浆提高了 6.0%ISO 以上，纸浆的漂白性能得到显著改善。光散射系数也略有提升，比对照纸浆提高了 1～2m²/kg。漂后纸浆强度性能也持续增加，裂断长和撕裂指数提高显著，耐破指数也有明显提高。

（4）综合考虑降低磨浆能耗、改善纸浆性能及后续漂白纸浆光学性能，较理想的纤维素酶处理条件为温度 60℃和酶用量 15IU/g 浆，此条件下得到的纸浆与对照纸浆相比，纸浆的打浆性能有明显改善，磨浆能耗有较大幅度降低，纸浆的各种物理性能指标均有所提高，后续的纸浆漂白性能也有明显的改善。

2.2　木聚糖酶的酶促磨浆

自芬兰 Viikari 等于 1986 年将木聚糖酶用于纸浆漂白以来，木聚糖酶在制浆工业中的应用日益受到重视。近年来，木聚糖酶在制浆工业中的应用范围不断扩大，部分木聚糖酶的应用已经商业化。

木聚糖酶系主要包括三类（Subramaniyan and Prema，2002）：

（1）内切-β-木聚糖酶（EC.3.2.1.8），优先在不同位点上作用于木聚糖和长链木寡糖。

(2) 外切-β-木聚糖酶(EC.3.2.1.92)，作用于木聚糖和木寡糖的非还原端，产生木糖。

(3) β-木糖苷酶(EC.3.2.1.37)，作用于短链木寡糖，产生木糖。

木聚糖酶在造纸工业上的应用分为以下几个方面(Subramaniyan and Prema，2002)：

(1) 应用于漂白工序，能够提高白度，节省化学药品用量。

(2) 应用于废纸脱墨，不仅使脱墨变得容易，而且减少化学药品用量。

(3) 可以用来改善纤维性能，提高纤维的滤水性、打浆性及流动性。

生物制浆应用中，在磨浆的过程中加入白腐菌能够节省大量的能耗，并且能够改善纸页的各种性能，然而这些试验结果并没有实现商业化。虽然原木片不容易用生物酶来改性，但是在盘磨运转后加入生物酶能够起到很好的作用，在第二段磨浆前加入纤维素酶和半纤维素酶对机械浆纤维粗糙度进行改性，用少量的纤维二糖水解酶和半纤维素酶对上述纸浆进行改性能够分别省 20％和 5％的能耗。

杨木片取自山东某纸浆厂，切成 3cm×3cm×0.5cm 形状，经由实验室挤压疏解机，然后在实验室高浓盘磨机进行第一段磨浆，磨浆间隙为0.3mm，制成第一段杨木浆。

AU-PE89 木聚糖酶是通过培养 *Bacillus subtilis* 菌种而得到的，取自苏柯汉(潍坊)生物工程有限公司。

木聚糖酶活的测定。取 1mL 1％木聚糖溶液(pH 为 6 的缓冲溶液配制)，加入 0.5mL 缓冲液配制的粗酶液，置于 50℃水浴，酶解 10min。用 Miller 法测定还原糖浓度(以木糖计算)：加入 3.0mL 3,5-二硝基水杨酸(DNS)溶液终止反应，立即煮沸 5min，冷却后加蒸馏水定容至 25mL，测定混合液在 λ＝550nm 处的吸光度值。在上述条件下，1g 固体酶粉 1min 水解木聚糖生成相当于 1μmol 木糖还原物质的量为 1 个酶活力单位，以 IU/g 浆表示。

酶处理及纸浆漂白。第一段磨浆后杨木浆的木聚糖酶处理及酶处理后纸浆的过氧化氢漂白均在聚乙烯塑料袋中进行。将一定量的纸浆和酶液或漂液放入塑料袋中混合均匀，用 HCl 或 NaOH 调节 pH，然后置于恒温水浴中，每隔 15min 轻揉塑料袋，使纸浆与酶液或漂液混合均匀，至规定时间后取出洗涤至中性。酶处理工艺条件为：磨浆浓度为 10％，温度为 50℃、60℃和 70℃，时间为 2h，pH 为 7，酶用量为 10IU/g 浆、20IU/g 浆和 30IU/g 浆。过氧化氢漂白的工艺条件为：磨浆浓度为 12％，温度为 70℃，时间为 2h，pH 为 11，药品用量为 Na_2SiO_3 4％、$MgSO_4$ 0.05％、EDTA 0.3％、H_2O_2 3％和 NaOH 2％。

PFI 磨磨浆及纸页抄造。粗酶液处理的浆样进行 PFI 磨第二段磨浆，磨浆浓度为 10%，磨浆间隙为 0.25mm，磨浆压力为 33N/cm，打浆度控制在 40~50°SR，用打浆度仪进行测定，然后用凯塞快速成型器抄成纸片，检测各种性能。漂白 RMP 抄成纸片，检测各种性能。

2.2.1　木聚糖酶处理对纸浆磨浆性能的影响

　　木聚糖酶降解具有专一性的特点，可以使纤维的粗度减小，从而改善纸浆的性能，增加纸浆的强度。木聚糖酶处理对第一段磨浆后纸浆的打浆度及后续磨浆性能的影响见表 2.6。表中数据表明，木聚糖酶处理后，纸浆的打浆度均有所上升，但提高幅度较小，酶处理后纸浆经过 PFI 磨磨浆 5000r 后打浆度有明显提高，由酶处理后的 11.5~15.5°SR 提高到 41.0~53.0°SR，打浆度提高了 30.0~37.5°SR，与对照纸浆相比，酶处理后纸浆打浆度提高了 3.0~15.0°SR。这说明木聚糖酶处理对纸浆的后续磨浆性能有明显影响，在相同磨浆转数下，能够赋予纸浆较高的打浆度，也可以说，在磨浆至相同打浆度时，酶处理浆能够明显降低磨浆能耗。

表 2.6　木聚糖酶处理与磨浆的关系

纸浆	温度/℃	酶用量/(IU/g 浆)	第一段磨浆后未处理的粗浆打浆度/°SR	第一段磨浆后酶处理浆打浆度/°SR	第二段 PFI 磨磨浆后打浆度/°SR	打浆度增加值[a]/°SR	打浆度提高比例[b]/%
酶处理纸浆	50	5	11	14.0	51.0	13.0	34.2
		15	11	13.5	50.0	12.0	31.6
		30	11	13.5	51.0	13.0	34.2
	60	5	11	14.5	53.0	15.0	39.5
		15	11	15.5	53.0	15.0	39.5
		30	11	14.0	50.0	12.0	31.6
	70	5	11	11.5	41.0	3.0	7.9
		15	11	12.0	41.0	3.0	7.9
		30	11	12.0	42.0	4.0	10.5
对照纸浆	—	0	11	—	38.0	0	—

　　注：打浆在 PFI 磨中进行，绝干浆量 30g，浓度为 10%，室温，磨浆转数为 5000r，线压为 17.7N/cm，打浆辊与打浆室间隙为 0.25mm。

　　a. 打浆度增加值为酶处理与对照纸浆第二段 PFI 磨磨浆后的打浆度的差值。

　　b. 打浆度提高比例为酶处理第二段 PFI 磨磨浆后的纸浆打浆度相对于对照纸浆提高的比例。

　　酶液处理温度由 50℃提高至 70℃时，磨浆效果随着温度的提升而呈现先提高后下降的趋势，打浆度提高明显，尤其以 50℃和 60℃处理温度下效果较好，打浆度高达 50.0~53.0°SR。酶用量从 5IU/g 浆提高到 30IU/g 浆时，在不同处理温度下纸浆的打浆度呈现先上升后下降的趋势，尤其在酶用量为 15IU/g 浆下纸浆磨

浆效果较好。由表2.6中的数据可以看出,在温度为60℃和酶用量为15IU/g浆
处理条件下纸浆打浆度高达53.0°SR,打浆度提高比例为39.5%,可见,温度60℃
和酶用量15IU/g浆为较优酶处理条件。

2.2.2　木聚糖酶处理对纸浆光学性能的影响

木聚糖酶处理对第一段磨浆后杨木浆的光学性能的影响见表2.7。由表中数
据可以看出,不同处理条件下木聚糖酶对纸浆性能的改善有所不同。与对照纸浆
相比,酶处理后纸浆的松厚度均有明显降低,比对照纸浆松厚度3.7cm³/g降低了
0.1~0.2cm³/g;纸浆的不透明度变化不明显;纸浆的光吸收系数均有明显降低,
尤其在温度60℃下光吸收系数下降较显著,仅为3.15~3.23m²/kg,明显低于对
照纸浆的3.63m²/kg;纸浆的白度在木聚糖酶处理后均有不同程度的提升,在
60℃处理温度下纸浆白度高达54.0%ISO,比对照纸浆提高了3.5%ISO;对于光
散射系数,酶处理后纸浆与对照纸浆相比有所降低,比对照纸浆降低了1m²/kg
左右。

表 2.7　木聚糖酶处理与纸浆光学性能的关系

纸浆	温度/℃	酶用量 /(IU/g浆)	松厚度 /(cm³/g)	白度 /%ISO	不透明度 /%	光吸收系数 /(m²/kg)	光散射系数 /(m²/kg)
酶处理 纸浆	50	5	3.5	53.8	91.9	3.30	37.4
		15	3.5	53.9	91.6	3.26	37.4
		30	3.5	53.7	91.6	3.33	37.4
	60	5	3.6	53.8	92.2	3.23	37.4
		15	3.5	54.0	91.8	3.15	37.5
		30	3.5	53.6	91.7	3.13	37.4
	70	5	3.5	50.4	92.2	3.41	37.3
		15	3.5	50.6	92.5	3.43	37.4
		30	3.6	50.9	91.6	3.38	36.5
对照纸浆	—	0	3.7	50.5	91.7	3.63	38.2

在不同处理温度下,木聚糖酶处理后纸浆的主要物理指标(如白度、光散射系
数等)随着酶用量逐步增加呈现先上升后下降的趋势,其中,在酶用量15IU/g浆
下酶处理效果较好,纸浆物理性能有明显改善。

综上所述,木聚糖酶处理对纸浆光学性能有显著影响,能增加纸浆的白度。
其较优酶处理条件为温度60℃和酶用量15IU/g浆,此处理条件下纸浆的光学性
能有明显改善。

2.2.3 木聚糖酶处理对纸浆强度性能的影响

木聚糖酶对纸浆处理后,纸浆强度性能均具有不同程度的改变,试验结果见表 2.8。与对照纸浆相比,酶处理对磨浆后纸浆的强度性能均有影响。纸浆的裂断长有不同程度的降低,在 60℃ 处理温度下纸浆的裂断长由对照纸浆 0.19km 提高到了 0.19~0.21km;纸浆的撕裂指数由对照纸浆的 0.90(mN・m²)/g 提高到 0.91~0.98(mN・m²)/g,尤其在 60℃ 处理温度下纸浆的撕裂指数均超过了 0.95(mN・m²)/g;不同处理条件下,纸浆的耐破指数均有明显提高,其中在 50℃ 和 60℃ 处理温度下纸浆的耐破指数均超过 1.04(kPa・m²)/g,明显高于对照纸浆的 0.40(kPa・m²)/g,但在 70℃ 处理温度下提高幅度较小。

表 2.8 木聚糖酶处理与纸浆强度性能的关系

纸浆	酶用量 /(IU/g 浆)	裂断长/km			撕裂指数/[(mN・m²)/g]			耐破指数/[(kPa・m²)/g]		
		50℃	60℃	70℃	50℃	60℃	70℃	50℃	60℃	70℃
酶处理纸浆	5	0.18	0.19	0.16	0.96	0.95	0.91	1.07	1.09	0.52
	15	0.17	0.21	0.17	0.94	0.97	0.91	1.08	1.04	0.53
	30	0.17	0.21	0.16	0.94	0.98	0.91	1.09	1.05	0.55
对照纸浆	0		0.19			0.90			0.40	

综上所述,温度对酶处理效果具有明显影响。随着处理温度的提高,纸浆的各种强度性能指标呈现先上升后下降的趋势。在 60℃ 和酶用量 15IU/g 浆处理条件下纸浆的强度性能指标有明显改善,因此,对木聚糖酶改善纸浆强度性能的较理想的酶处理条件为温度 60℃ 和酶用量 15IU/g 浆。

2.2.4 木聚糖酶处理对漂白浆光学性能的影响

木聚糖酶处理对第二段磨浆后杨木浆过氧化氢漂白效果的影响见表 2.9。结果显示,与漂白后对照纸浆相比,经过酶处理的漂白后纸浆的松厚度均有不同幅度降低;对于不透明度而言,所有处理条件的纸浆都有所下降;纸浆的光吸收系数均有不同程度降低,而且光吸收系数在 0.30m²/kg 左右,远低于对照纸浆的 0.66m²/kg;纸浆白度均有提升,但不同酶处理条件下提高的幅度不同,有些纸浆白度高达 76%ISO,比对照纸浆(70.2%ISO)提高 6%ISO 以上,但在 70℃ 处理温度下纸浆的白度没有明显提高;对于光散射系数而言,漂白后纸浆与对照纸浆相比都有所降低,并且各组纸浆都有不同程度的降低,低于对照纸浆的 36.3m²/kg。

表 2.9　木聚糖酶处理与漂白浆光学性能的关系

纸浆	温度/℃	酶用量 /(IU/g 浆)	松厚度 /(cm³/g)	白度 /%ISO	不透明度 /%	光吸收系数 /(m²/kg)	光散射系数 /(m²/kg)
酶处理 纸浆	50	5	3.55	75.4	79.8	0.34	36.1
		15	3.76	76.3	79.8	0.30	36.2
		30	3.83	76.0	79.1	0.29	36.2
	60	5	3.81	76.5	79.2	0.27	36.2
		15	3.70	76.7	79.8	0.27	36.3
		30	3.68	76.8	79.3	0.29	36.3
	70	5	4.01	72.0	78.6	0.37	33.7
		15	4.12	72.8	78.1	0.34	34.0
		30	4.13	72.9	78.9	0.37	36.0
对照纸浆	—	0	4.21	70.2	83.2	0.66	36.3

　　由上述分析可知,木聚糖酶处理可以改善后续漂白纸浆光学性能。其中在温度60℃不同酶用量下的酶处理效果均较好,漂白纸浆的光学性能有明显改善。

2.2.5　木聚糖酶处理对漂白浆强度性能的影响

　　木聚糖酶处理对漂白浆强度性能的影响见表2.10。表中数据显示,漂白后各种酶处理条件下的纸浆强度性能指标均比对照纸浆有所提高,但提高幅度不同。纸浆裂断长在50℃和60℃下由对照纸浆的0.19km提高到0.31~0.38km,但在70℃温度下纸浆的裂断长却有明显下降;撕裂指数方面,在50℃和60℃处理温度下酶处理纸浆的撕裂指数由对照纸浆的0.90(mN·m²)/g提高到1.53~1.85(mN·m²)/g,但在70℃下纸浆的撕裂指数均低于1.25(mN·m²)/g;酶处理纸浆的耐破指数均有提高,但提高幅度不同,其中在50℃和60℃处理温度下纸浆的耐破指数均超过了0.98(kPa·m²)/g,提高幅度明显。

表 2.10　木聚糖酶处理与漂白浆强度性能的关系

纸浆	酶用量 /(IU/g 浆)	裂断长/km			撕裂指数/[(mN·m²)/g]			耐破指数/[(kPa·m²)/g]		
		50℃	60℃	70℃	50℃	60℃	70℃	50℃	60℃	70℃
酶处理 纸浆	5	0.34	0.36	0.15	1.54	1.85	1.18	0.99	0.98	0.72
	15	0.33	0.38	0.14	1.72	1.72	1.20	0.98	0.99	0.76
	30	0.31	0.35	0.15	1.53	1.66	1.25	1.00	1.02	0.76
对照纸浆	0	0.19			0.90			0.40		

　　可见,酶处理温度对酶处理效果有显著影响,随着处理温度的提高,纸浆的各

种强度性能指标呈现先上升后下降的趋势,其中在 60℃处理温度下酶处理效果为最佳,漂白纸浆的物理性能指标均有明显提高,从而改善了纸浆的强度性能。

2.2.6 小结

(1) 杨木盘磨机械浆在第一段磨浆后第二段磨浆之前用木聚糖酶进行预处理,酶处理本身并不能明显提高打浆度,但酶处理能够赋予纸浆较好的后续磨浆性能,在同样磨浆条件下,酶处理纸浆打浆度较对照纸浆提高了 3.0~15.0°SR,打浆度提高率为 10%~40%,在相同打浆条件下,打至相同打浆度时,酶处理能够明显降低磨浆能耗。

(2) 与对照纸浆相比,经过磨浆处理后纸浆的松厚度、光吸收系数和光散射系数均有不同程度的降低,比对照纸浆光散射系数 38.2m²/kg 降低了 1m²/kg 左右。而不透明度和白度均有不同程度的提高,其中比对照纸浆白度 50.5%ISO 提高了 3%~4%ISO。纸浆各种强度性能指标均有不同程度的提高,耐破指数提高显著,而裂断长和撕裂指数增幅较小。

(3) 第二段磨浆后,酶处理可以改善后续漂白纸浆光学性能,比对照纸浆白度 70.2%ISO 提高了 6%ISO 左右,纸浆的漂白性能得到明显改善。而光散射系数略有降低,比对照纸浆的光散射系数 36.3m²/kg 降低了 0.1m²/kg。经过酶处理漂后纸浆的各种强度性能指标均有改善,其中裂断长和耐破指数提高显著,而撕裂指数提高幅度较小。

(4) 从降低磨浆能耗、改善纸浆性能及后续漂白纸浆光学性能考虑,较佳的木聚糖酶处理条件为温度 60℃和酶用量 15IU/g 浆,此处理条件下,与对照纸浆相比,能显著改善纸浆的磨浆性能,降低磨浆能耗,提高纸浆的各种物理和光学性能,明显改善纸浆的后续漂白性能。

2.3 纤维素酶和木聚糖酶协同酶促磨浆

目前,纤维素酶和半纤维素酶在造纸工业已有广泛的应用(张东成和郑书敏,1994)。研究表明,在第二段磨浆之前加入纤维素酶和半纤维素酶对机械浆纤维进行处理,用少量的纤维二糖水解酶和半纤维素酶对上述纸浆进行改性分别能够节省 20%和 5%的能耗,而内切葡萄糖酶处理纸浆只能降低很少的能耗,同时导致纤维素发生水解,降低了纸浆的质量,几种纤维素酶的混合酶对降低能耗没有明显的效果。当采用低强度的盘磨机时,在磨浆过程中加入纤维素二糖水解酶可以节省 30%~40%的能耗;在两段磨浆过程中,采用纤维素二糖水解酶也能够节省 10%~15%的能耗,并且能够提高纤维 5%的紧度以及其他的纤维强度性质。

纤维素酶和半纤维素酶已经广泛用于改善纤维性能(滤水性、打浆性及流动性)(Oksanen et al.,1997)。在应用中,酶处理既可以在磨浆之前进行,也可以在磨浆之后进行。在磨浆之前,纤维素酶和半纤维素酶处理的主要目的是提高纸浆的磨浆性能和改性纤维性质(慈元钊等,2016)。在磨浆之后添加纤维素酶和半纤维素酶主要是提高纸浆的滤水性。一种由纤维素酶和半纤维素酶混合成的商品酶 Pergalase-A40(*Trichoderma*)已经被许多造纸厂采用,用于生产印刷用纸和证书用纸的木浆纤维改性。

基于许多学者对生物酶的前期研究(陈盛平等,2012),研究了纤维素酶协同木聚糖酶作用于杨木纸浆,在粗磨后精磨前进行处理,以改性纤维性能、降低磨浆能耗、提高纸浆质量。

2.3.1 混合酶处理对纸浆磨浆性能的影响

用纤维素酶和半纤维素酶的混合酶处理第一段磨浆后纸浆,酶处理对其打浆度及后续磨浆性能的影响见表 2.11。结果显示,混合酶对纸浆进行处理后,浆的打浆度均有所上升,但提高幅度较小。但酶处理后纸浆经过 PFI 磨磨浆 5000r 后打浆度有明显提高,由酶处理后磨浆前的 12.0～14.5°SR 提高到 49.0°～52.0°SR,打浆度提高了 38～41°SR,而对照纸浆仅提高了 27°SR。这说明混合酶处理对纸浆的后续磨浆性能有较大程度的影响,在相同磨浆转数下,能够赋予纸浆较高的打浆度,可见,混合酶处理能够明显降低纸浆的打浆能耗。

表 2.11 混合酶处理与磨浆的关系

纸浆	温度/℃	酶用量/(IU/g 浆)	第一段磨浆后未处理的粗浆打浆度/°SR	第一段磨浆后酶处理浆打浆度/°SR	第二段 PFI 磨磨浆后打浆度/°SR	打浆度增加值[a]/°SR	打浆度提高比例[b]/%
酶处理纸浆	50	5	11.0	12.0	49.0	11.0	28.9
		10	11.0	13.5	51.0	13.0	34.2
		15	11.0	13.0	50.0	12.0	31.6
		20	11.0	12.5	50.0	12.0	31.6
	60	5	11.0	12.0	50.0	12.0	31.6
		10	11.0	12.5	51.0	13.0	34.2
		15	11.0	14.5	52.0	14.0	36.8
		20	11.0	13.0	51.0	13.0	34.2
对照纸浆	—	0	11.0	—	38.0	—	—

注:1.酶用量:纤维素酶和木聚糖酶的用量分别为 5IU/g 浆、10IU/g 浆、15IU/g 浆、20IU/g 浆。2.磨浆条件:在 PFI 磨中进行,绝干浆量为 30g,浓度为 10%,室温,磨浆转数为 5000r,线压为 33.3N/cm,磨浆辊和磨浆室间隙为 0.25mm。

a. 打浆度增加值为酶处理与对照纸浆第二段 PFI 磨磨浆后的纸浆打浆度的差值。

b. 打浆度提高比例为酶处理第二段 PFI 磨磨浆后的纸浆打浆度相对于对照纸浆提高的比例。

　　随着混合酶用量的增加,在不同温度下,磨浆效果呈现先上升后下降的趋势。在处理温度为 50℃时,10IU/g 浆酶用量下的酶处理效果较好,打浆度提高到 51.0°SR,提高比例高达 34.2%。而处理温度为 60℃时,酶用量 15IU/g 浆以下的酶处理效果较优,打浆度提高到 52°SR,提高比例为 36.8%。酶处理温度为 60℃时的磨浆效果好于温度为 50℃。可见,对于混合酶,较适宜的酶处理温度为 60℃。

2.3.2　混合酶处理对纸浆光学性能的影响

　　本节分别探讨不同酶处理温度下混合酶处理对第二段磨浆后纸浆光学性能的影响。

　　50℃温度下混合酶处理对第二段磨浆后纸浆的光学性能影响见表 2.12。与对照纸浆比较,经过混合酶处理的纸浆的松厚度有所降低,均低于 3.95cm³/g;纸浆的不透明度、光吸收系数和光散射系数也有所下降。但经过混合酶处理的纸浆的白度有所提高,提高幅度不明显,仅提高了 0.2%~0.4%ISO。在处理温度为 50℃时,随着酶用量的增加,纸浆的各光学性能指标先升高后降低,酶用量 15IU/g 浆时,纸浆白度值较高,酶处理条件效果较好。

表 2.12　混合酶处理与纸浆光学性能的关系(50℃)

纸浆	酶用量 /(IU/g 浆)	松厚度 /(cm³/g)	白度 /%ISO	不透明度 /%	光吸收系数 /(m²/kg)	光散射系数 /(m²/kg)
酶处理纸浆	5	3.86	50.3	91.7	3.58	37.7
	10	3.86	50.5	91.6	3.54	37.7
	15	3.94	50.5	91.1	3.56	37.8
	20	3.80	50.3	91.6	3.56	37.8
对照纸浆	0	4.06	50.1	91.7	3.77	38.2

　　60℃温度下混合酶处理对第二段磨浆后纸浆的光学性能的影响见表 2.13。纸浆与对照纸浆相比较,混合酶液处理的浆的不透明度略有提高,大部分超过了 92.0%;松厚度有明显降低,均低于 4.00cm³/g;光吸收系数和光散射系数也有明显降低,光散射系数均低于 37.7m²/kg。而纸浆白度有所提高。酶处理温度为 60℃时,随着酶用量的增加,纸浆的光学性能指标呈现先升高后降低的趋势,酶用量为 15IU/g 浆时,纸浆白度较高。由表 2.12 和表 2.13 中的数据可以看出,温度 50℃下酶处理效果好于温度 60℃,可见,混合酶较适宜的酶处理温度为 50℃,此温度下酶的活性较好,对纸浆的光学性能有明显改善,白度提高幅度较大,酶处理效果较好。

表 2.13　混合酶处理与纸浆光学性能的关系(60℃)

纸浆	酶用量 /(IU/g 浆)	松厚度 /(cm³/g)	白度 /%ISO	不透明度 /%	光吸收系数 /(m²/kg)	光散射系数 /(m²/kg)
酶处理 纸浆	5	3.78	50.0	92.4	3.60	37.7
	10	3.99	50.1	91.9	3.70	37.7
	15	3.97	50.4	92.1	3.64	37.5
	20	3.91	50.1	92.3	3.64	37.7
对照纸浆	0	4.06	50.1	91.7	3.77	38.2

2.3.3　混合酶处理对纸浆强度性能的影响

　　温度为 50℃时混合酶处理对第二段磨浆后纸浆强度性能的影响如图 2.1所示。图中数据显示,与对照纸浆相比较,经过混合酶处理的纸浆的耐破指数、裂断长和撕裂指数均有所提高,其中撕裂指数提高明显,均高于对照纸浆的 0.9(mN·m²)/g,达到了 1.0(mN·m²)/g 左右;而耐破指数和裂断长有小幅度的提高。随着酶用量的增加,纸浆的各项强度性能指标均呈现先升高后降低的趋势,其中在酶用量为 15IU/g 浆时,纸浆的各项强度性能指标有较好的改善效果。

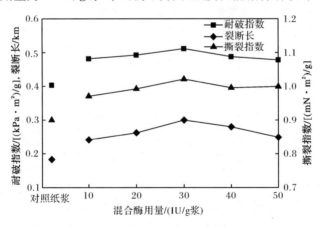

图 2.1　混合酶处理条件与纸浆强度性能的关系(50℃)

　　60℃时混合酶处理对第二段磨浆后纸浆强度性能的影响如图 2.2 所示。从图 2.2 可以看出,与对照纸浆比较,经过混合酶处理的纸浆的强度性能均有提高,其中撕裂指数和耐破指数有小幅度提高,而裂断长比对照纸浆(0.186km)有明显提高,最高值达 0.3km。随着酶用量的增加,纸浆的强度性能呈现先升高后降低的趋势,在酶用量为 15～20IU/g 浆时,纸浆的各项强度性能指标较好。对比图 2.1和图 2.2,50℃下混合酶处理效果好于 60℃下的混合酶处理效果,纸浆的强度性能在温度为 50℃时有明显改善。

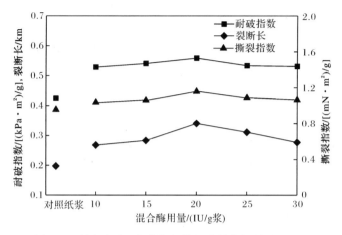

图 2.2　混合酶处理条件与纸浆强度性能的关系(60℃)

2.3.4　混合酶处理对漂白浆光学性能的影响

温度为 50℃时混合酶处理对第二段磨浆后漂白浆光学性能的影响见表 2.14。与对照纸浆相比,经过混合酶处理的漂白浆的松厚度、不透明度、光吸收系数和光散射系数均有所降低,并且在不同酶处理条件下其降低程度不同;比对照纸浆白度 68.7%ISO 提高 1%~2%ISO。混合酶处理提高了纸浆的后续漂白性能,其中酶用量为 15IU/g 浆时,纸浆的白度提高幅度较大,酶处理效果较好。

表 2.14　混合酶处理与漂白浆光学性能的关系(50℃)

纸浆	酶用量 /(IU/g 浆)	松厚度 /(cm³/g)	白度 /%ISO	不透明度 /%	光吸收系数 /(m²/kg)	光散射系数 /(m²/kg)
酶处理 纸浆	5	3.72	69.9	79.60	0.50	36.74
	10	3.74	71.60	77.80	0.39	36.46
	15	3.78	72.0	78.00	0.41	36.79
	20	3.76	71.3	79.10	0.45	36.67
对照纸浆	0	3.79	68.7	81.80	0.62	37.04

温度为 60℃时混合酶处理对第二段磨浆后漂白浆光学性能的影响见表 2.15。由表中数据可知,与对照纸浆相比,经过混合酶处理后纸浆的松厚度有所降低,光吸收系数有所提高,而不透明度和光散射系数则有明显降低;但纸浆白度的变化规律性较差,酶用量少的白度低,酶用量多的白度比对照纸浆的略有提高。与表 2.14 比较,温度 50℃时比 60℃时酶处理漂白结果具有规律性,白度提高了

1%～3%ISO,后续漂白处理效果较好。

表 2.15　混合酶处理与漂白浆光学性能的关系(60℃)

纸浆	酶用量 /(IU/g浆)	松厚度 /(cm³/g)	白度 /%ISO	不透明度 /%	光吸收系数 /(m²/kg)	光散射系数 /(m²/kg)
酶处理 纸浆	5	3.70	66.3	79.99	0.80	37.03
	10	3.72	65.1	79.95	0.76	35.15
	15	3.73	69.5	79.37	0.63	35.70
	20	3.76	68.6	79.71	0.65	36.71
对照纸浆	0	3.79	68.7	81.80	0.62	37.04

2.3.5　混合酶处理对漂白浆强度性能的影响

酶处理后浆的漂白处理其强度性能有所改善,但变化程度不同。50℃时混合酶处理对漂白浆强度性能的影响如图 2.3 所示。可以看出,与对照纸浆相比,经过混合酶处理的漂白浆的强度性能均有所改善。纸浆裂断长有明显提高,均超过了0.3km;而耐破指数和撕裂指数也有显著提高,耐破指数均超过了0.8(kPa·m²)/g,撕裂指数均超过了 0.175(mN·m²)/g,与对照纸浆相比增加了近30%。随着酶用量的增加,纸浆的各种强度性能指标呈现先升高后降低的趋势,其中,酶用量为15IU/g浆时酶处理效果较好。

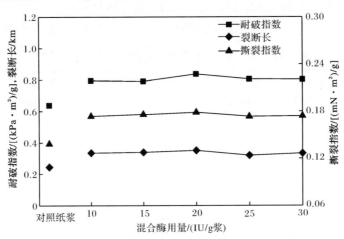

图 2.3　混合酶处理与漂白浆强度性能的关系(50℃)

60℃时混合酶处理对漂白浆强度性能的影响如图 2.4 所示。由图中数据可以看出,与对照纸浆相比,经过混合酶处理的纸浆的强度性能均有不同程度的改善。纸浆的裂断长、耐破指数和撕裂指数有明显提高,裂断长均超过了 0.3km

左右,耐破指数均超过了 0.8(kPa·m²)/g,撕裂指数均超过了 0.175(mN·m²)/g;与对照纸浆相比均增加了约 30%。与图 2.3 中的结果比较,混合酶在温度 50℃下处理效果较好,纸浆的各项强度性能指标有明显提高,而且漂白效果较好。

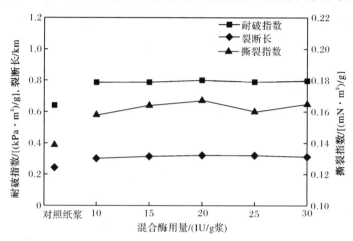

图 2.4　混合酶处理与漂白浆强度性能的关系(60℃)

2.3.6　小结

(1) 与 60℃酶处理温度相比,处理温度为 50℃时混合酶具有较佳的酶活性,经过酶处理后纸浆的白度有明显提高,纸浆的各项强度性能指标均有所增加,酶处理效果较好。

(2) 当处理温度为 50℃时,随着酶用量的增加,纸浆的各项物理性能指标呈现先升高后降低的趋势,可见,酶用量对酶处理效果有一定影响。综合对比各种酶用量下的酶处理效果,确定较理想的酶用量为 15IU/g 浆。

(3) 与对照纸浆相比,酶用量为 15IU/g 浆时经过混合酶处理的纸浆的打浆度提高了 12°SR,提高了 31.6%。但酶处理本身并不能提高纸浆的打浆度,但经过酶处理后纸浆的后续磨浆性能有较大程度的改善,可以明显降低磨浆能耗。

(4) 与对照纸浆相比,经过混合酶处理的纸浆的光学性能均有所降低,但纸浆白度有所提高,提高幅度却较小;纸浆的各项强度性能指标有明显提高,提高 30%以上。

(5) 经过混合酶处理的纸浆的后续漂白性能得到了明显改善,纸浆的白度比对照纸浆提高了 1%~3%ISO,撕裂指数、裂断长和耐破指数也有所提高。

2.4　酶促磨浆应用实例

2.4.1　工艺流程

1. 备料段工艺流程

1) 商品木片工艺流程

商品木片→喂料坑→斜螺旋输送机→皮带输送机→木片筛→皮带输送机→斗式提升机→皮带输送机→木片仓→出料螺旋→栈桥皮带输送机→磨浆车间。

2) 原木工艺流程

原木→抓木机→拉木机→剥皮鼓进料槽→剥皮鼓→卸料闸→辊子输送机→削片机进料皮带→削片机→削片机平衡仓→立式螺旋→木片筛→皮带输送机→斗式提升机→仓顶皮带输送机→木片仓→出料螺旋→栈桥皮带输送机→磨浆车间。

2. 磨浆段工艺流程

1) 工艺流程

小木片仓→木片洗涤器→缓冲槽→泵→脱水螺旋→预蒸仓→料塞螺旋输送器→立式预浸器→螺旋输送机→预热器→主盘磨→压力螺旋分离器→消潜池→第一段压力缝筛→多盘过滤机→中浓泵→双辊挤浆机→转子混合器→螺旋输送器→提升机→螺旋输送器→高浓漂白塔→中浓泵→双辊挤浆机→混合螺旋→中浓泵→双辊挤浆机→混合螺旋→中浓泵→储浆塔。

2) 浆渣流程

第一段压力缝筛→浆渣池→压榨螺旋→螺旋输送机→料塞喂料器→浆渣磨→压力旋浆分离器→消潜池→压力缝筛→多盘过滤机。

3. 化学品段工艺流程

1) 预浸段

(1) 火碱工艺流程:卸料泵→火碱储存槽→转输泵→中间槽→预浸段化学品混合槽→立式预浸器。

(2) 亚硫酸钠工艺流程:晶体亚硫酸钠→亚硫酸钠溶解槽→亚硫酸钠储存槽→预浸段化学品混合槽→立式预浸器。

2) 漂白段

(1) 过氧化氢(H_2O_2)工艺流程:卸料泵→H_2O_2储存槽→上料泵→中间槽→

上料泵→混合槽出口管道→转子混合器。

（2）火碱工艺流程：卸料泵→火碱储存槽→上料泵→中间槽→上料泵→混合面板→化学品混合槽→转子混合器。

（3）硅酸钠工艺流程：卸料泵→硅酸钠槽→上料泵→混合面板→化学品混合槽→转子混合器。

（4）二乙烯五乙酸盐（DTPA）工艺流程：卸料泵→DTPA 槽→上料泵→混合面板→化学品混合槽→转子混合器。

2.4.2 酶促磨浆杨木 BCTMP 生产工艺

化学品加入量的工艺参数见表 2.16。

表 2.16 化学品加入量的工艺参数

化学品	Na_2SO_3	NaOH(浸渍)	H_2O_2	NaOH(漂白)	Na_2SiO_3	DTPA
用量/%	6.0～7.5	6.5～7.5	2.5～3.0	0.3～0.5	0.3～0.5	0.3～0.5

1. 木材工艺参数

（1）原木参数：直径 5～50cm，平均直径 18～20cm，水分≥45%，长度 2～4m。

（2）商品木片参数：长度 20～26mm，宽度 18～25mm，厚度 5～6mm，水分 45%～55%，树皮含量<0.4%。

（3）剥皮鼓：转速 4～7.5r/min，剥皮能力≤110m³/h。

（4）辊子输送机：输送速率 0.9～1.1m/s。

（5）削片机：削片能力 90～110m³/h，木片长度 20～22mm。

（6）木片筛：能力≤300m³/h。

（7）木片仓：容积≤2000m³，下料能力≤100m³/h。

2. 磨浆段工艺参数

（1）木片洗涤系统：料位>50.0%，停留时间>15min，洗涤水温度 65.0～75.0℃。

（2）预蒸仓：料位>60.0%，停留时间>15min，温度 70.0～80.0℃。

（3）木片预浸：锥塞喂料器压缩比 1:2.9。

（4）磨浆：浓度 45.0%～50.0%，稀释水流量 330mL/min，磨浆能耗 1000～1100(kW·h)/t，游离度 400～500mL。

（5）压力筛：进浆浓度 3.8%，进浆压力 0.30MPa，出浆浓度 3.5%，出浆压力 0.28MPa。

3. 浆渣再磨工艺

(1) 压榨螺旋:进浆浓度 3.6%,出浆浓度 30.0%。

(2) 浆渣磨:浓度 30.0%,能耗 900~1050(kW·h)/t,游离度 400~500mL。

(3) 消潜池:停留时间 20~30min,浓度 4.6%,温度 70℃。压力筛进浆浓度 3.6%,进浆压力 0.30MPa,出浆浓度 3.3%,出浆压力 0.28MPa。

4. 浓缩洗涤漂白工艺

(1) 多圆盘:上浆浓度 1.0%,出浆浓度 8.0%~10.0%。

(2) 双辊挤浆机:进浆浓度 8.0%,出浆浓度 35.0%。

(3) 高浓漂白塔:停留时间 180~210min,温度 70℃,进口浓度 30.0%~32.0%,出口浓度 8.0%~10.0%,出口白度 73.0%~75.0%ISO,出口 pH 6.0~9.0。

生物酶的应用位置:在浆渣池内加入聚糖酶,对纸浆进行改性处理,然后进行磨浆。

质量指标:成浆浓度 8.0%~10.0%,成浆白度≥78.0%ISO,成浆游离度 350~450mL,撕裂指数 3.3~3.5(mN·m^2)/g,抗张指数 20~22(N·m)/g,松厚度 2.7~3.2cm^3/g,纤维束含量<0.08%,COD 含量<2.5g/kg浆,二氯甲烷(DCM)抽提物<0.15%。

2.5　酶促磨浆作用机制初步探讨

扫描电子显微镜(以下简称扫描电镜)是 1965 年发明的现代细胞生物学研究工具,主要利用二次电子信号成像来观察样品的表面形态,即用极狭窄的电子束去扫描样品,通过电子束与样品的相互作用产生各种效应,其中主要是样品的二次电子发射。二次电子能够产生样品表面放大的形貌像,这个像是在样品被扫描时按时序建立起来的,即使用逐点成像的方法获得放大像。

电子显微镜(以下简称为电镜)主要有透射电镜、扫描电镜和分析电镜三种。扫描电镜的分辨率低于透射电镜,但其具有放大倍数范围大(从几倍到几十万倍)、图像立体感强、样品制备简单和操作容易等特点,一般用于对样品形貌的分析。利用非常细的电子束作为照明源,以光栅状扫描方式照射样品,然后把激发出的表面信息加以处理放大,样品无特殊要求,包括形状和厚度等,可以实现对表面形貌的立体观察和分析,放大倍数连续可变,能实时跟踪观察,对局部微区进行结晶学分析和成分分析。扫描电镜提供了一种直观、快速、准确、无损探测纤维形态的手段,是目前纤维形态观察中使用最为广泛的仪器之一,许多研究工作是以扫描电镜作为研究手段进行的。

　　分析所用扫描电镜为荷兰 FEI 公司生产,扫描电镜具有高真空、低真空及环扫工作模式,环扫模式是扫描电镜所特有的一种工作方式,它应用多级压差光阑技术,支持含水样品的直接观察。

　　纸浆用真空抽滤泵抄成薄层,并且用浓度 30％、50％、70％、95％和 100％的乙醇逐级进行脱水,冷冻干燥 48h 后进行喷金,再放置在 QUANTA 200 型环境扫描电镜上进行观察照相,加速电压为 10kV。

　　纤维质量分析仪(fiber quality analyzer)是用来测量纸浆纤维质量的。纤维质量是根据纤维长度、宽度和形状进行定义的。纤维长度一般由纤维的实际长度(L)或纤维末端对末端的投影长度(I)来描述(图 2.5)。

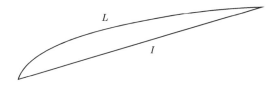

图 2.5　纤维实际长度和投影长度图解

　　纤维形状的普通度量有两种:卷曲和扭结。卷曲是纤维逐渐连续的弯曲,定义如下:

$$\text{Cur Index} = \frac{L}{I} - 1$$

　　扭结则是纤维弯曲中的陡变,并由 Kibblewhite 扭结系数定义,是在扭结角度 X 范围内扭结数 N_x 的加权:

$$\text{Kink Index} = \frac{1}{L_{\text{Total}}}\left[N_{(10\sim20)} + 2N_{(21\sim45)} + 3N_{(46\sim90)} + 4N_{(90\sim180)} \right]$$

　　木片经过实验室高浓磨浆机进行第一段磨浆处理,然后用微生物酶(粗酶液、纤维素酶、木聚糖酶等)进行第二段磨浆前的生物处理。

　　扫描电镜观察。将纸浆试样固定在样品台上,利用真空镀膜法在观察的样品表面镀金,以增加表征样品形貌的二次电子量,加强信号,在 FEI Quanta 200 型环境扫描电镜上观察纤维形态并扫描图像。

　　纤维分析。将微量的纸浆稀释后置于量杯中,送入纤维分析仪中,利用纤维分析仪的三层水流技术和光学原理,准确进行纤维分析测量,进行各种纤维形态参数的观察、记录和测量。

　　原子力显微镜观察。取 0.1g 浆样分散在 200mL 蒸馏水中,用移液管吸取纤维滴在云母片上,风干 24h,然后放入美国 Nanoscope MultiMode SPM 型号原子力显微镜进行扫描观察和照相,探针型号为 NP-20。

　　X 射线衍射分析。将纸浆脱水、冻干 48h 后压片,使用德国 BRUKER AXS

GMBH 公司 D8ADVANCE 型号 X 射线衍射仪测定,测试条件为:铜靶 X 射线管, $\lambda=1.5406\text{Å}$,管压为 40kV,管流 40mA,扫描范围 $2\theta=5°\sim50°$ 。

X 射线衍射法能够测定纤维结晶度,通过入射角 2θ 处相对应的 X 射线衍射的强度,根据 2θ-X 射线衍射强度曲线计算纤维素结晶度。结晶度可以利用面积法计算,也可以利用衍射强度计算。Segal 等提出利用相应位置的衍射峰强度计算纤维素结晶指数 CrI,以此来表示纤维素的结晶度。

利用面积法计算结晶度,结晶度为

$$X_C = \frac{F_K}{F_K + F_A} \times 100\%$$

式中, F_K 为晶区面积; F_A 为无定形区面积。

红外光谱分析。将纸浆脱水冻干 48h 后,采用 KBr 压片,用日本 Shimadzu 公司 IRPrestige-21 型号傅里叶红外光谱仪测定纸浆红外吸收光谱图,测定波数为 $400\sim4000\text{cm}^{-1}$ 。

2.5.1 酶处理对纸浆纤维形态的影响

生物酶在纸浆处理中的作用是通过降解木素或半纤维素而增加木素的溶出或改性纤维,提高纸浆后续的磨浆、打浆和漂白的性能(杨桂花,2009)。纤维改性对纸浆后续磨浆能耗的减少、漂白效果的改善和环境污染的降低有一定影响。图 2.6 为不同生物酶作用下的杨木机械纸浆纤维形态及其表面形态的扫描电镜分析图。

图 2.6(a)为未经过生物酶处理的纸浆纤维形态特征,可以看出,经过机械磨浆处理后,未经过酶处理的纸浆纤维明显存在损伤,纤维表面结构遭到破坏而变得粗糙,出现裂隙、沟槽、剪切和断裂部分;长纤维末端稍有明显的卷曲和扭结现

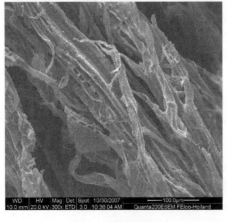
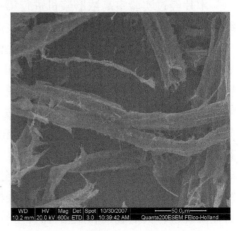

(a) 未处理纸浆　　　　　　　　(b) 纤维素酶处理纸浆

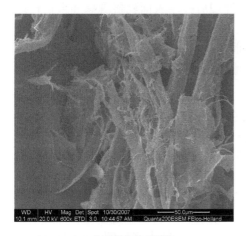

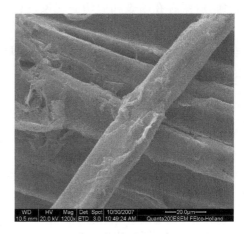

(c) 木聚糖酶处理纸浆

(d) 粗酶液处理纸浆

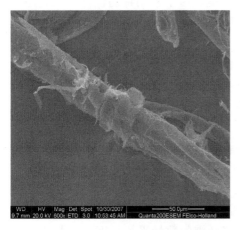

(e) *Coriolus versicolor* Sdu-4 处理纸浆

(f) *Trametes hirsuta* BYBF 处理纸浆

图 2.6 生物酶处理对纤维表面形态的影响

象,彼此缠结成许多较大的纤维束。图 2.6(b)为经过纤维素酶处理的纸浆纤维,纤维表面光滑,裂隙和断裂处不明显,不存在较为明显的纤维卷曲和扭结现象,纤维束较少,纤维变得细长,纤维粗度减少。从图 2.6(c)所示结果可知,经过木聚糖酶处理过的纸浆纤维变得柔软,木聚糖酶处理使纤维表面很光滑,纤维剥落的表皮很多,纤维粗度变小,存在缠结的现象,暴露出许多细小纤维。图 2.6(d)为经过白腐菌产粗酶液处理的纤维,纤维几乎完全分散,纤维光滑并不缠结,但是纤维还是存在部分裂隙和断裂。图 2.6(e)是经过白腐菌 *Coriolus versicolor* Sdu-4 处理的纤维,表面发生明显的表皮脱落,存在少量的细小纤维和断裂纤维,纤维表面也存在裂隙,不是很光滑。图 2.6(f)为经过白腐菌 *Trametes hirsuta* BYBF 处理的纤维,纤维存在断裂和剪切的现象,白腐菌处理后纤维表面剥落现象和柔韧性进一步加大和加强,产生部分细小纤维,但大部分纤维发生表皮脱落,纤维粗度变细,皱褶和裂隙越来越多,不存在明显的卷曲和扭结。

2.5.2　酶处理对纤维质量的影响

纤维形态是植物纤维原料的基本特征之一,因而纸浆纤维的特性将决定纸浆成纸的性能,经过化学或机械处理的纸浆纤维形态发生的变化,会不同程度地影响纤维之间的结合程度,从而影响纸张质量。纤维的形态特征包括纤维长度、纤维宽度、细小纤维含量、纤维粗度等指标,除此之外还有纤维的卷曲和扭结。

纤维质量分析仪是美国哥伦比亚大学和加拿大 OpTest 公司针对造纸工业的特殊要求而研究开发的,用于纤维形态参数快速分析与测量。它除了能测量纤维长度及其分布、纤维粗度、细小纤维含量、针叶木浆/阔叶木浆比例外,还具有纤维卷曲指数和分布测量及纤维扭结指数测量功能。由于采用特别设计的专利超宽流道流动池代替毛细管,从而避免了堵塞现象,这对测量含有较多纤维束的粗浆和机械浆更为重要。

纤维质量分析仪的测量原理是采用中心波长 680nm 的圆形偏振光作为测量光源。因为主要由纤维素组成的植物纤维具有旋光性,在电感耦合(CCD)摄像机光路上配置的圆形检偏器的角度经过特殊设计,它对纤维具有最高的灵敏度,而对空气、填料、油墨等非旋光性物质不敏感,从而克服它们对测量结果的干扰。纤维图像在数码 CCD 摄像机内直接数字化后再传输到计算机进行处理,从而使传输和处理过程中的失真减至最小。实时二维图像分析软件将每根纤维从图像信号中识别出来,逐一测量纤维的形态参数。由于采用了高性能的计算机系统,所以可以迅速准确地获得纤维形态参数的测量结果。

如表 2.17 所示,经过生物酶处理的纸浆纤维的数量平均长度(L_n)均小于未经过酶处理的纸浆,但降低程度较小,然而③组、④组和⑨组的数量平均长度稍微有所提高;质量加权平均长度(L_{ww})也明显比未经过酶处理的浆料的纤维长度短,只有③组和⑦组有明显提高,这可能与微生物酶处理有关,纤维在生物酶的作用下,发生纤维表皮的大量脱落,使纤维变细变光滑,也产生了大量的细小纤维,而细小纤维的产生影响了对纤维质量加权平均长度的分析。在考虑纤维长度的影响时,只看纤维平均长度是不全面的,因为纤维的长度具有不均一性。对比纤维含量来看,经过生物酶处理的纸浆的细小纤维数量含量均小于未经过酶处理的纸浆的纤维数量含量,小于 66.78%;而质量加权含量也小于未经过酶处理的纸浆纤维,小于 36.17%。生物酶处理使纸浆纤维外表皮脱落,导致各种细小纤维含量分析数据的降低。

表 2.17 纤维长度及其细小组分含量

分析样品	纤维平均长度/mm			细小纤维含量/%	
	数量平均	长度加权平均	质量加权平均	数量	质量
①	0.411	0.526	0.701	66.78	36.17
②	0.411	0.522	0.683	59.09	29.68
③	0.422	0.553	0.785	58.37	28.42
④	0.417	0.530	0.689	58.67	28.90
⑤	0.397	0.501	0.661	60.87	31.96
⑥	0.410	0.517	0.665	60.17	30.65
⑦	0.402	0.516	0.759	58.81	30.06
⑧	0.405	0.512	0.667	58.31	29.43
⑨	0.414	0.524	0.691	57.15	28.09
⑩	0.399	0.499	0.646	58.17	29.62

注:①空白样;②纤维素酶;③木聚糖酶;④纤维素酶和木聚糖酶;⑤*Coriolus versicolor* Sdu-4;⑥*Trametes hirsuta* BYBF;⑦*Trametes hirsulta* lg-9;⑧裂褶菌 *Schizophyllum commune*;⑨*Phanerochaete chrysosporium* Pc-25;⑩*Lentinus lepideus*。

2.5.3 原子力显微镜分析

原子力显微镜(AFM)可以观察绝缘材料表面的原子图像,于 1986 年被推出。AFM 通过探针与被测样品之间微弱的相互作用力来获得物质表面形貌的信息。AFM 除分析导电样品外,还能观测非导电样品的表面结构,且不需要导电膜覆盖,应用领域更为广阔,可获得对应样品表面总电子密度的形貌,分辨率达到原子级水平。根据初始工作距离和探针所处的初始状态,AFM 的操作模式分为接触模式(contact mode)、非接触模式(non-contact mode)和轻敲模式(tapping mode)。制浆造纸领域多采用接触模式和轻敲模式。AFM 是研究表面特征的有效工具,其最基本的功能就是表征样品表面的三维形貌。AFM 可以测量针尖与样品表面之间的长程吸引或排斥力,阐述定域化学和机械性质,如黏附力、弹力及吸附分子层厚度或键断裂长度等,可根据不同物质黏弹性的不同导致相图中不同区域对比度的不同,分辨不同种类的物质。AFM 广泛应用于表征聚合物体系,但对纸浆纤维的表征也有一些研究。

为探讨酶处理后纸浆纤维表面微细纤维的变化,对酶处理前后速生杨木高得率浆纤维在 AFM 下进行了扫描观察。本试验采用接触模式扫描观察了经过木聚糖酶处理和未经过木聚糖酶处理的意杨枝桠材和混合速生杨 P-RC APMP 的纤维形貌。AFM 扫描图如图 2.7～图 2.10 所示。

 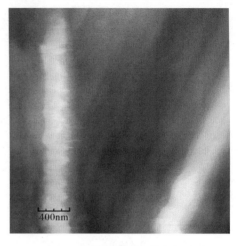

（a）未经过酶处理浆的二维高度图　　　　　　（b）经过酶处理浆的二维高度图

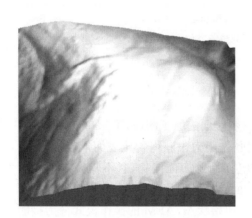 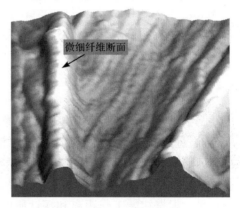

（c）未经过酶处理浆的三维高度图　　　　　　（d）经过酶处理浆的三维高度图

图 2.7　第二段磨浆前经过和未经过酶处理意杨枝桠材 P-RC APMP 的
AFM 高度图（接触模式）

　　图 2.7 所示的 AFM 三维扫描图显示，未经酶处理的意杨枝桠材 P-RC APMP 纤维表面的微细纤维纹理不清晰，纤维表面半纤维素和木素黏附在纤维上。而第二段磨浆前经过木聚糖酶处理的意杨枝桠材 P-RC APMP 纤维表面微细纤维纹理清晰，说明木聚糖酶降解了部分木聚糖使微细纤维裸露出来。酶处理浆纤维表面有微细纤维断面出现，纤维有分丝帚化现象，纤维表面有凹陷，这与意杨枝桠材浆 SEM 图所示一致，纤维表面的凹陷弯曲现象与纤维质量分析结果中

所出现的酶处理浆扭结指数提高的结果相符合,说明纤维柔韧性较好。

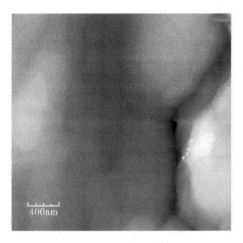
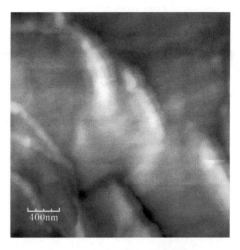

(a) 未经过酶处理浆的二维高度图　　　　　(b) 经过酶处理浆的二维高度图

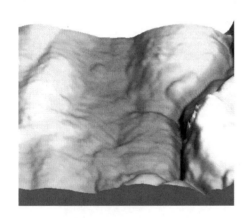
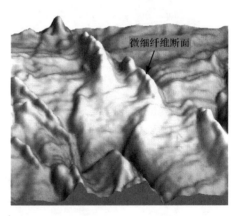

(c) 未经过酶处理浆的三维高度图　　　　　(d) 经过酶处理浆的三维高度图

图 2.8　第三段磨浆前经过和未经过酶处理意杨枝桠材 P-RC APMP 的
AFM 高度图(接触模式)

图 2.8 所示的 AFM 三维扫描图表明,未经过酶处理的意杨枝桠材 P-RC APMP 纤维表面现象同图 2.7 所示,即微细纤维纹理不清晰,纤维表面黏附着半纤维素和木素。而第三段磨浆前经过木聚糖酶处理的意杨枝桠材 P-RC APMP 纤维表面微细纤维纹理清晰,微细纤维断面增多,表明木聚糖酶降解了部分木聚糖或溶出了部分小分子木素使纤维柔韧性增加,磨浆时在机械力的作用下使纤维产生更多分丝,这种现象与意杨枝桠材浆 SEM 图所示相同。第三段磨浆前酶处理纸浆纤维表面微细纤维断面增多,说明纤维的分丝程度好于第二段磨浆前酶处

理,纸浆的交织能力增强,这与第三段磨浆前酶促磨浆效果好于第二段磨浆前酶
处理效果的结果相符合。

　　由图 2.9 所示的 AFM 三维扫描图可以看出,未经过酶处理的混合速生杨
P-RC APMP 纤维表面虽然凹陷,但微细纤维纹理不清晰。而第三段磨浆前经过
木聚糖酶处理的混合速生杨 P-RC APMP 纤维表面微细纤维纹理清晰,可以看到
交错的微细纤维纹理,说明酶处理浆纤维表面有部分半纤维素被木聚糖酶降解,
使纸浆在磨浆过程中纤维更容易产生分丝现象,从而降低磨浆能耗,增加纤维的
交织能力,提高纸浆的物理强度,这与前面的分析结果吻合。

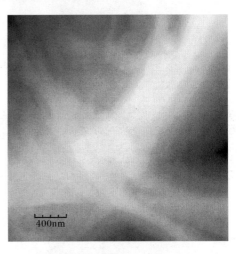

（a）未经过酶处理浆的二维高度图　　　　　　（b）经过酶处理浆的二维高度图

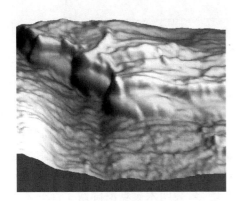

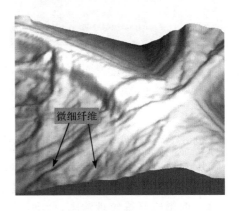

（c）未经过酶处理浆的三维高度图　　　　　　（d）经过酶处理浆的三维高度图

图 2.9　第三段磨浆前酶处理混合速生杨 P-RC APMP 的 AFM 高度图（接触模式）

图 2.10 所示的 AFM 轻敲模式扫描图显示,未经过酶处理的速生杨 P-RC APMP 在相位图中可以明显看到深色部位的木素和木素-碳水化合物复合体,纤维表面较平滑,纤维表层凸凹程度在 100nm 范围之内,而第三段磨浆前经过木聚糖酶处理的混合速生杨 P-RC APMP 纤维表面较粗糙,纤维表面凸凹程度在 400nm 以内,凸凹程度明显大于未经过木聚糖酶处理浆,这说明木聚糖酶降解了部分半纤维素使纤维表面松散并出现空洞和凹陷,有利于纸浆纤维在磨浆和打浆过程中纤维的分丝帚化,以降低磨浆和打浆能耗,增加纤维的柔韧性,改善纸浆的光学和物理性能。

综上所述,在磨浆过程中,从意杨枝桠材和混合速生杨 P-RC APMP 的 AFM 图片中可以看出,经过酶处理的纸浆纤维表面微细纤维纹理清晰,有微细纤维断面出现,纤维表面部分木聚糖被木聚糖酶降解,或部分小分子木素被木聚糖酶溶出,使更多微细纤维裸露出来,纤维表面出现凹陷,纤维柔韧性增加,更容易产生

（a）未经过酶处理浆的相位图

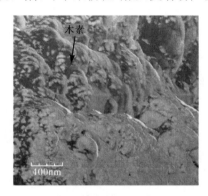

（b）经过酶处理浆的相位图

（c）未经过酶处理浆的高度图

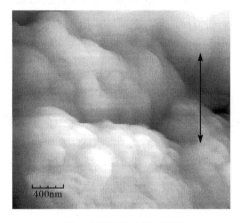

（d）经过酶处理浆的高度图

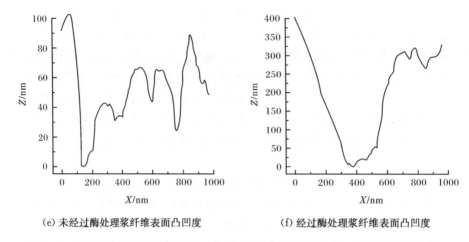

(e) 未经过酶处理浆纤维表面凸凹度　　　　　(f) 经过酶处理浆纤维表面凸凹度

图 2.10　第三段磨浆前酶处理混合速生杨 P-RC APMP 的 AFM 扫描图(轻敲模式)

分丝帚化现象,这是木聚糖酶处理能降低磨浆和打浆能耗、提高纸浆白度及物理强度的原因。

2.5.4　X 射线衍射分析

X 射线经单色化后,通过入射狭缝打在样品上,衍射线通过衍射狭缝被计数器接收。不同物质的 X 射线衍射线彼此独立,互不干扰,而且在混合物中每一组分的衍射峰强度与其含量成正比。

X 射线衍射法测定纤维素的结晶度,是利用 X 射线照射样品,结晶结构的物质会发生衍射,具有特征的 X 射线衍射图。通过测定各入射角 θ 和相应的 X 射线衍射强度,以 2θ 为横坐标,X 射线衍射强度为纵坐标,作出 X 射线衍射强度曲线。由 X 射线衍射图谱可以计算纤维素的结晶度,计算方法可采用面积法、曲线相对高度(峰强度)法等。

面积法计算的结晶度用结晶区面积对总面积的百分数表示:

$$X_C = \frac{F_K}{F_K + F_A} \times 100$$

式中,F_K 为结晶区面积;F_A 为无定形区面积。

在纤维素的 X 射线衍射图中,(002)面衍射强度代表了结晶区的强度,因此结晶区面积 F_K＝(002)峰的峰面积,总面积＝$F_K + F_A$。

对经过和未经过木聚糖酶 AU-PE89 处理的意杨枝桠材和混合速生杨 P-RC APMP 进行了 X 射线衍射分析,分析了纤维素结晶区域的变化。

图 2.11 为第三段磨浆前经过和未经过酶处理的意杨枝桠材 P-RC APMP X 射线衍射曲线。图 2.12 为第三段磨浆前经过和未经过酶处理的混合速生杨

P-RC APMP X 射线衍射曲线。

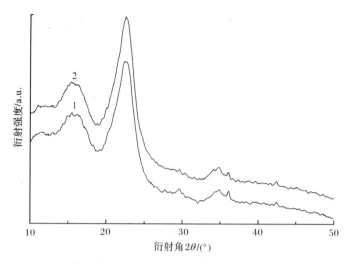

图 2.11　第三段磨浆前经过和未经过酶处理的意杨枝桠材 P-RC APMP
X 射线衍射曲线
1. 未经过酶处理 P-RC APMP；2. 经过 30IU/g 浆酶处理 P-RC APMP

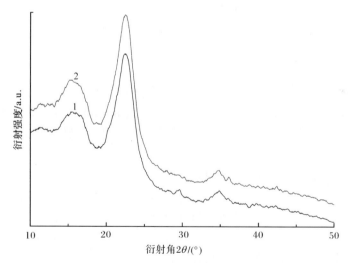

图 2.12　第三段磨浆前经过和未经过酶处理的混合速生杨 P-RC APMP
X 射线衍射曲线
1. 未经过酶处理 P-RC APMP；2. 经过 30IU/g 浆酶处理 P-RC APMP

图 2.11 所示 X 射线衍射曲线显示，与未经过酶处理 P-RC APMP 相比，第三段磨浆前经过酶处理的意杨枝桠材 P-RC APMP 的 X 射线衍射曲线有明显上移，

酶处理纸浆纤维素结晶区的衍射强度增加,纤维素结晶度提高。利用积分面积法测得未经过酶处理的意杨枝桠材 P-RC APMP 的结晶度为61.36%,第三段磨浆前经过 30IU/g 浆木聚糖酶 AU-PE89 处理的意杨枝桠材 P-RC APMP 的结晶度为 62.75%,结晶度增加了 1.39%。

图 2.12 中 X 射线衍射曲线表明,与未经过酶处理 P-RC APMP 相比,第三段磨浆前进行木聚糖酶 AU-PE89 处理的混合速生杨 P-RC APMP 的纤维素结晶区有明显变化,酶处理纸浆的纤维素结晶度提高。积分面积法测得未经过酶处理的混合速生杨 P-RC APMP 的结晶度为 73.09%,第三段磨浆前经过 30IU/g 浆酶处理的混合速生杨 P-RC APMP 的结晶度为 75.16%,结晶度增加了 2.07%。

经过酶处理的混合速生杨纸浆纤维素的结晶度均有提高,纸浆中纤维素的无定形区域比例减少。纤维素结晶度增加的可能原因是磨浆后纸浆中细小纤维组分较多,纤维的比表面积增大,有利于木聚糖酶的接触和反应,降解部分半纤维素,使纸浆中的戊聚糖等半纤维含量有所降低,而半纤维素主要以非结晶相(或无定形区)存在,因而纸浆中纤维素的无定形区域相对减少,纤维素的结晶区域相对增加,纤维素结晶度提高。另外,纸浆中部分木素与无定形区的纤维素分子结合着,木聚糖酶处理使部分木素溶出,从而增加纸浆纤维素的结晶度。酶处理纸浆纤维素结晶度的提高将增加纸浆的物理强度。经过和未经过酶处理的混合速生杨 P-RC APMP 纤维素的结晶度均高于意杨枝桠材,这与意杨枝桠材中半纤维素含量高有关。

2.5.5 红外光谱分析

红外吸收光谱法(infrared absorption spectroscopy)是鉴别化合物和确定物质分子结构的常用手段之一。可以对单一组分或混合物中的各组分进行定量分析,尤其对一些较难分离,在紫外线和可见光区找不到明显特征峰的样品可方便、迅速地完成定量分析。红外光谱仪常用的是傅里叶红外光谱仪(FT-IR 光谱仪)。FT-IR 光谱仪具有扫描速度快、光通量大、分辨率高、测定范围宽和适合各种联机等优点。在制浆造纸的分析中,红外光谱法主要用于木素、纤维素和半纤维素的定性及定量分析,着重于基团分析及与其他分析方法配合进行分子化学结构方面的研究。同时,可以通过对制浆造纸过程中纸浆试样红外光谱的差异,推断木素和糖类的功能基及结构的变化规律,确定其反应机制等。

以意杨枝桠材和混合速生杨酶处理纸浆为研究对象,对经过和未经过酶处理的纸浆的红外光谱图中各种功能团出现的特征吸收峰进行比较,以鉴别木聚糖酶处理前后纸浆中某些基团的变化情况,了解木聚糖酶处理对纸浆纤维和木素结构的影响。

红外光谱常用基线法进行定量分析。Kahh 等提出在 $700\sim1800\mathrm{cm}^{-1}$ 部分以

700cm^{-1}和1800cm^{-1}两点为基点作基线,在2800~3800cm^{-1}部分以2750cm^{-1}和3800cm^{-1}为基点作基线。一般研究木素的红外光谱时采用1510cm^{-1}或1600cm^{-1}吸收峰为内标峰,以内标吸收峰的吸收强度为100%,其他吸收峰与其相比较,得到该吸收峰的相对吸收强度。本试验在700~1800cm^{-1}部分采用850cm^{-1}和1750cm^{-1}吸收峰为基点,在2800~3800cm^{-1}部分以2500cm^{-1}和3700cm^{-1}为基点作基线求得各吸收峰强度,以1595cm^{-1}吸收峰为内标峰计算其他各吸收峰的相对强度。

意杨枝桠材和混合速生杨纸浆的红外光谱图如图2.13~图2.15所示。对经过和未经过木聚糖酶处理速生杨纸浆的红外光谱特征峰的定性分析见表2.18。各吸收峰的相对强度计算结果见表2.19。

由图2.13和图2.14可以看出,与未经过酶处理纸浆红外光谱相比,第二段磨浆前进行木聚糖酶处理的意杨枝桠材P-RC APMP红外光谱无明显变化,只是在3348cm^{-1}处O—H伸缩振动谱带有强烈吸收,说明纸浆纤维易于润胀,水化程度提高。而第三段磨浆前进行酶处理的意杨枝桠材和混合速生杨P-RC APMP浆的红外光谱除在3348cm^{-1}处有明显变化外,在木素特征谱带1597cm^{-1}、1460cm^{-1}及1423cm^{-1}处也发生了变化,这说明第三段磨浆前进行木聚糖酶处理有明显效果,这与前面的分析结果相吻合,即第三段磨浆前酶处理效果好于第二段磨浆前酶处理。因此重点分析第三段磨浆前酶处理浆的红外光谱变化(图2.14、图2.15)。

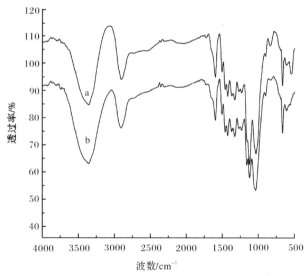

图2.13　第二段磨浆前经过和未经过酶处理的意杨枝桠材P-RC APMP红外光谱图
a. 未经过酶处理P-RC APMP;b. 经过30IU/g浆酶处理P-RC APMP

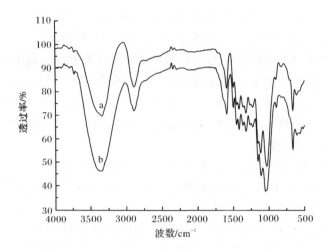

图 2.14　第三段磨浆前进行酶处理的意杨枝桠材 P-RC APMP 红外光谱图
a. 未经过酶处理 P-RC APMP；b. 经过 30IU/g 浆酶处理 P-RC APMP

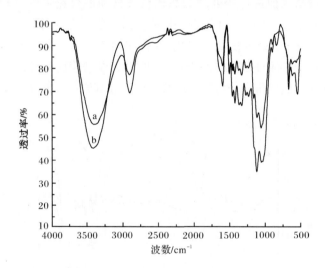

图 2.15　第三段磨浆前进行酶处理的混合速生杨 P-RC APMP 红外光谱图
a. 未经过酶处理 P-RC APMP；b. 经过 30IU/g 酶处理 P-RC APMP

表 2.18　经过和未经过木聚糖酶处理速生杨纸浆 P-RC APMP 红外光谱分析

波数/cm^{-1}	相应结构	意杨枝桠材浆波数/cm^{-1}		混合速生杨浆波数/cm^{-1}	
		未处理	酶处理	未处理	酶处理
3348~3408	O—H 伸缩振动	3348	3369	3408	3404
2895~2902	C—H 伸缩振动、CH$_3$、CH$_2$	2895	2899	2900	2902

续表

波数/cm^{-1}	相应结构	意杨枝桠材浆波数/cm^{-1}		混合速生杨浆波数/cm^{-1}	
		未处理	酶处理	未处理	酶处理
1595~1597	苯环伸展振动(木素)	1597	1595	1597	1595
1460	C—H$_2$形变振动(木素聚木糖)、苯环的碳骨架振动(木素)	1460	1460	1460	1460
1423	CH$_2$剪切振动(纤维素)、CH$_2$弯曲振动(木素)、苯环振动	1423	1423	1423	1423
1365~1371	CH 弯曲振动(纤维素和半纤维素)	1371	1371	1365	1371
1327~1228	C═O 伸缩振动(木素酚醚键)、紫丁香型、缩聚愈创木基	1327	1327	1327	1328
1271	C—O 伸展、苯环甲氧基	1271	1271	1271	1271
1232~1234	乙酰基和羟基振动(聚木糖)、紫丁香型 C═O 伸缩振动(木素)	1232	1232	1232	1234
1157~1161	C—O—C 反对称桥伸展振动(纤维素和半纤维素)	1157	1161	1157	1161
1114~1120	OH 缔合吸收带(纤维素和半纤维素)	1120	1116	1118	1114
1035~1056	C═O 伸缩振动(纤维素和半纤维素)、乙酰基中的烷氧键伸缩振动	1035	1056	1055	1056
896~897	C═C、脂肪族、异头碳(C$_1$)伸缩振动(半纤维素)	897	896	—	896
665	OH 面外弯曲振动	665	665	665	665

注:意杨枝桠材浆和混合速生杨浆为第三段磨浆前酶处理 P-RC APMP。

表 2.19 经过和未经过木聚糖酶处理纸浆红外光谱吸收峰相对强度

未处理意杨枝桠材浆		酶处理意杨枝桠材浆		未处理混合速生杨浆		酶处理混合速生杨浆	
波数/cm^{-1}	A_i/A_{1460}	波数/cm^{-1}	A_i/A_{1460}	波数/cm^{-1}	A_i/A_{1460}	波数/cm^{-1}	A_i/A_{1460}
3348	1.7903	3369	2.4776	3408	2.0842	3304	2.5831
2895	0.8065	2899	0.8209	2900	0.8947	2902	0.9437
1597	1.0000	1595	1.0000	1597	1.0000	1595	1.0000
1460	1.4355	1460	1.2581	1460	1.2105	1460	1.0986
1423	1.5484	1423	1.2687	1423	1.3421	1423	1.2563
1371	1.4516	1371	1.1045	1365	1.3684	1371	1.1268

续表

未处理意杨枝桠材浆		酶处理意杨枝桠材浆		未处理混合速生杨浆		酶处理混合速生杨浆	
波数/cm^{-1}	A_i/A_{1460}	波数/cm^{-1}	A_i/A_{1460}	波数/cm^{-1}	A_i/A_{1460}	波数/cm^{-1}	A_i/A_{1460}
1327	1.6129	1327	1.2238	1327	1.3816	1328	1.2676
1271	1.3613	1271	1.0299	1271	1.1842	1271	1.0479
1232	1.4194	1232	1.0448	1232	1.2053	1234	1.0507
1157	2.4516	1161	1.9104	1157	2.2105	1161	1.9718
1120	2.7097	1116	2.2388	1118	2.6973	1114	2.5633
1035	2.1348	1056	2.5970	1055	2.5132	1056	2.8732
897	0.8439	896	0.3432	896	0.3158	896	0.3099
665	1.3226	665	1.2836	665	1.0789	665	1.4648

注:意杨枝桠材浆和混合速生杨浆为第三段磨浆前酶处理 P-RC APMP。

由图 2.14、图 2.15、表 2.18 和表 2.19 中可以看出,意杨枝桠材和混合速生杨酶处理浆在 3348～3408cm^{-1} 处谱带吸收峰相对强度高于未经过酶处理浆,这表明木聚糖酶处理产生更多的游离酚羟基,意杨枝桠材酶处理增加的游离酚羟基多于速生杨酶处理的,因此酶处理枝桠材浆水化程度高,易于打浆,这与试验结果相吻合。

酶处理纸浆均在 1597cm^{-1}、1460cm^{-1} 及 1423cm^{-1} 左右出现了苯环伸展振动的特征吸收峰,这表明处理前后木素的苯环结构变化不明显。1460cm^{-1} 的吸收峰是仅由木素中苯环的骨架振动产生的,但苯环上取代基的不同对苯环骨架振动吸收峰的位置会有影响,愈创木基型木素的吸收波数会大于紫丁香型木素单元。酶处理前后木素的吸收波数没有变化,说明酶处理对纸浆中的木素结构没产生明显影响。酶处理浆在 1423cm^{-1} 处谱带吸收峰的相对强度低于未经过酶处理浆的,这表明木聚糖酶处理浆中聚糖 CH$_2$ 减少,木素侧链 CH$_2$ 减少,降解了部分木聚糖和溶出了部分小分子木素,使酶处理纸浆的白度有所增加。

1365～1371cm^{-1} 处谱带吸收峰是纤维素和半纤维素的 CH 弯曲振动带。意杨枝桠材和混合速生杨酶处理浆在 1365～1371cm^{-1} 处谱带吸收峰的相对强度相对于未经过酶处理浆有所降低,可以推断酶处理浆中半纤维素含量有所减少。

与未经过酶处理浆相比,酶处理浆在 1327～1328cm^{-1} 处谱带吸收峰的相对强度有较大幅度降低,而 1327～1328cm^{-1} 处谱带吸收峰主要是紫丁香基型和缩聚愈创木基型木素的苯环振动带,因此可以初步推断木聚糖酶处理减少了部分紫丁香基型和缩聚愈创木基型木素。1271cm^{-1} 处是苯环甲氧基谱带,酶处理浆在 1271cm^{-1} 处吸收峰的相对强度低于未经过酶处理浆的,进一步说明酶处理浆中木素含量的降低。酶处理纸浆中木素含量的降低是酶处理纸浆白度提高的原因,这与前面的试验结果相吻合。

1232～1234cm^{-1}是紫丁香型木素振动谱带,也是聚木糖中乙酰基和羟基振动带,意杨枝桠材和混合速生杨酶处理浆在1232～1234cm^{-1}处吸收峰的相对强度均低于未经过酶处理浆的,这说明木聚糖酶处理降解了部分聚木糖,溶出了少量木素。

意杨枝桠材酶处理浆在1120～1116cm^{-1}和1035～1056cm^{-1}处谱带吸收峰相对强度均有所增加,这两处谱带是纤维素和半纤维素的OH和C=O伸缩振动带,酶处理浆在此处吸收峰的相对强度增加进一步说明酶处理纸浆的纤维素含量有所增加。混合速生杨酶处理浆在1120～1116cm^{-1}处谱带吸收峰的相对强度有一定程度降低,表明酶处理纸浆半纤维素有一定程度的降低;而在1035～1056cm^{-1}处谱带吸收峰相对强度有所增加,说明混合速生杨酶处理浆的纤维素含量有所增加。可见,不同原料纸浆的酶处理结果有一定差异。

896～897cm^{-1}处谱带是半纤维素异头碳(C_1)伸缩振动谱带,意杨枝桠材和混合速生杨酶处理浆在此处谱带吸收峰的相对强度均有降低,说明酶处理降解了部分纤维素,使纸浆中的纤维素含量相对提高,使酶处理纸浆纤维素的结晶度提高,这与前面的酶处理浆X射线衍射分析结果相同。纸浆纤维素结晶度的提高增加了纤维的柔韧性,从而提高了纸浆的物理强度,这也是酶处理纸浆强度提高的原因。

665cm^{-1}处谱带是OH面外弯曲振动谱带,意杨枝桠材和混合速生杨酶处理浆在665cm^{-1}处吸收峰的相对强度均高于未经过酶处理纸浆红外图谱此处的吸收峰强度,这说明木聚糖酶处理使纸浆产生更多的羟基,有利于纸浆的润胀,提高了纸浆的水化程度,使纸浆易于分丝帚化,易于打浆,这是酶促磨浆和酶促打浆降低能耗的原因。

综上所述,意杨枝桠材和混合速生杨P-RC APMP的红外光谱说明,经过木聚糖酶AU-PE89处理的纸浆羟基增加较明显,使纸浆易于润胀,水化程度提高,从而降低了磨浆能耗和打浆能耗。经过酶处理后纸浆的紫丁香基型和缩聚愈创木基型木素有所降低,酶处理溶出了部分木素,提高了纸浆白度。酶处理降解了部分聚木糖等半纤维素,使纸浆中纤维素的含量相对提高,纸浆纤维素的结晶度有所提高,从而提高了纸浆的物理强度。

2.5.6　小结

(1) 从未经过酶处理的纸浆纤维形态特征可以看出,在经过机械磨浆处理后,未经过酶处理纸浆的纤维明显存在损伤,纤维表面结构遭到破坏而变的粗糙,出现裂隙、沟槽、剪切和断裂部分。长纤维末端稍有明显的卷曲和扭结现象,彼此缠结成许多较大的纤维束。

(2) 酶处理的纤维比未经过酶处理的纤维表面光滑,纤维几乎完全分散,纤维光滑并不缠结,纤维裂隙和断裂处不明显,不存在较为明显的纤维卷曲和扭结现象,部分纤维发生表皮脱落,产生部分细小纤维。

(3) 经过酶处理的纸浆纤维数量平均长度小于未经过处理的纸浆,但降低程度均较小,个别组经过酶处理的数量平均长度稍有提高,而质量加权平均长度也明显比未经过酶处理纸浆的纤维长度低,只有两个组有明显提高。

(4) 对比细小纤维含量来看,经过生物酶处理的纸浆纤维数量平均含量均小于未经过酶处理浆的纤维数量平均含量,小于 66.78%,而数均加权含量也小于未经过酶处理浆纤维的,小于 36.17%。生物酶的处理使纸浆纤维外表皮脱落,导致了各种纤维含量的分析数据降低。

(5) 在原子力显微镜下观察,第二段磨浆前和第三段磨浆前经过木聚糖酶 AU-PE89 处理的意杨枝桠材和混合速生杨 P-RC APMP 纤维表面微细纤维纹理清晰,有微细纤维断面出现,纤维柔韧性增加,磨浆和打浆时纤维更容易产生分丝帚化现象,从而降低能耗,提高纸浆强度。

(6) 纸浆 X 射线衍射曲线说明经过木聚糖酶处理的意杨枝桠材和速生杨木 P-RC APMP 纤维素的结晶度均有不同程度的提高。第三段磨浆前经过酶处理的意杨枝桠材 P-RC APMP 纤维素结晶度提高了 1.39%,第三段磨浆前经过酶处理的混合速生杨 P-RC APMP 纤维素结晶度提高了 2.07%。

(7) 意杨枝桠材和混合速生杨 P-RC APMP 的红外光谱图说明,经过木聚糖酶 AU-PE89 处理的纸浆羟基增加较明显,使纸浆易于润胀,水化程度提高,从而降低磨浆能耗和打浆能耗。经过酶处理后纸浆中的木素含量有所降低,酶处理溶出了部分木素,提高了纸浆白度。酶处理降解了部分木聚糖,使纸浆中纤维素的含量相对提高,从而提高了纸浆的物理强度。

参 考 文 献

陈嘉川,杨桂花,刘玉. 2006. 速生杨制浆造纸技术与原理. 北京:科学出版社.

陈盛平,郑胜川,罗明珠,等. 2012. 生物酶预处理打浆技术在电容器纸生产中的应用探索. 中华纸业,33(22):64-67.

慈元钊,彭洋洋,付时雨. 2016. 中性纤维素酶预处理改善针叶木打浆. 纸和造纸,35(2):15-18.

刘晶,胡惠仁,王斌斌. 2011. P-RC APMP 酶促打浆的研究. 中国造纸,30(3):1-5.

隋晓飞. 2007. 制浆工艺生物技术的研究和进展. 天津造纸,29(4):19-24.

谢来苏. 2003. 制浆造纸的生物技术. 北京:化学工业出版社.

杨桂花. 2009. 木聚糖酶在速生杨制浆过程中的应用研究. 广州:华南理工大学博士学位论文.

杨桂花,陈嘉川,穆永生,等. 2010. 速生杨枝桠材 P-RC APMP 浆的酶促磨浆. 中国造纸学报,25(1):52-56.

杨淑蕙. 2001. 植物纤维化学. 第三版. 北京：中国轻工业出版社.

张东成，郑书敏. 1994. 生物预处理对机械浆能耗及纸张性能的影响. 国际造纸，13(6)：34-37.

张盆，胡惠仁，刘廷志. 2005. 生物制浆的探讨. 黑龙江造纸，33(3)：26-28.

Oksanen T, Pere J, Buchert J, et al. 1997. The effect of *T. reesei* cellulases and hemicellulases on the paper technical properties of never-dried bleached kraft pulp. Cellulose, 4(4)：329-339.

Subramaniyan S, Prema P. 2000. Cellulase-free xylanases from bacillus and other microorganisms. FEMS Microbiology Letter, 183(1)：1-7.

Subramaniyan S, Prema P. 2002. Biotechnology of microbial xylanase：Enzymology, molecular biology, and application. Critical Reviews in Biotechnology, 22(1)：33-64.

Viikari L, Ranua M, Kantelinen J, et al. 1986. Bleaching with enzymes//Biotechnology in the Pulp and Paper Industry：The Third International Conference, Stockholm：67.

第3章 酶促消潜

在高浓磨浆过程中,由于热和高温脉冲的作用,纤维扭结弯曲,导致纤维出现潜态,从而影响纸张的物理性能。因此,高得率浆生产过程中必须进行消潜处理,消潜处理对纸浆性能的影响较大,需要探寻高效的消潜工艺,以改善高得率浆的性能(曲琳,2013)。常规消除潜态的工艺条件为:纸浆浓度 2%、pH 7.0、温度 80℃、消潜时间 30min,该工艺需要较大能耗,而且潜态消除效果也不理想。针对此问题,研究探讨了生物酶处理对高得率浆潜态消除的影响;探讨纤维素酶、碱性木聚糖酶和酸性木聚糖酶对 APMP 潜态消除的影响,优化酶处理条件。本章探讨酶处理对消潜效果和纸浆物理性能的综合影响。

3.1 酶促消潜的影响因素

碱性过氧化氢机械浆(alkaline peroxide mechanical pulp,APMP)是高得率浆的重要发展方向,是美国 ASB 公司在 1989 年最早推出的一种新型制浆工艺(周亚军等,2005)。APMP 是在化学热磨机械浆(chemithermomechanical pulp,CTMP)、漂白化学热磨机械浆(bleached chemithermomechanical pulp,BCTMP)的研究基础上发展的一种新型制浆方法(Cannell and Cockram,2000)。APMP 的生产工艺具有相对比较简单、设备投资低、化学药品消耗较少、能耗较低、得率高(85%~95%)和纸浆强度好等诸多优点(Xu,2001),因此受到造纸行业的青睐,而且可以很好地解决我国造纸原料短缺的问题(Reis,2001)。但是 APMP 在高浓磨浆过程中出现潜态现象,降低了纸张的成纸性能。

磨浆工段是高得率浆必不可少的工段,通过磨浆的作用可实现纤维彼此之间的分离和分丝帚化。APMP 磨浆技术趋向于高浓磨浆,纸浆在高浓磨浆过程中会受到高温和高频脉冲的作用,加之磨齿的搓揉作用等,就使植物的纤维承受很高的热应力和机械应力,进而导致纤维的弯曲扭结。在高温磨浆后如果磨出的纸浆很快冷却,就会使纤维以这种不良的状态固定下来,这样就使磨出的纸浆纤维的弹性消失,而纸浆的强度性能也会远低于纸浆本身所具有的强度特性,这种现象被造纸行业称为潜态(周亚军等,2007)。

化学机械浆生产工艺在磨浆工段后进行消潜处理。常规的消潜工段需要在较高的温度下,并且需要不停地用机械力去搅拌纸浆,使纸浆纤维的潜态消除,使纤维松弛变直,从而进一步提高纸浆的打浆度和强度性能(孔凡功等,2003)。

本节研究杨木 APMP 消潜过程中加入纤维素酶和木聚糖酶对消潜效果的改善作用,并优化了酶促消潜的工艺参数(酶用量、纸浆浓度、温度、时间和 pH)。

以山东太阳纸业股份有限公司的杨木片作为原料,长度 15~20mm、厚度 3~5mm、宽度低于 20mm,木片合格率需大于 85%,将木片处理后风干,并平衡水分,储存备用。

生物酶。试验所用的纤维素酶为苏柯汉(潍坊)生物工程有限公司生产的商品酶,灰白色固体,是一种无毒的生物降解物质,适宜 pH 为 6.5、适宜温度为 55~60℃。酸性木聚糖酶是由苏柯汉(潍坊)生物工程有限公司生产的商品酶,浅黄色粉末,易溶于水,适宜 pH 为 4.0~5.5、适宜温度为 30~60℃。碱性木聚糖酶为绿微康公司生产的商品酶,浅黄色粉末,易溶于水,适宜 pH 为 7~9、适宜温度为 45~60℃。

APMP 制浆工艺流程为:木片洗涤→热水预浸渍→第一段挤压疏解→第一段化学预浸渍(停留约 2min)→第一段反应仓(温度 70℃,停留 50min)→第二段挤压疏解→第二段化学预浸渍→第二段反应仓(温度 60℃,停留 60min)→磨浆→消潜→检测。

木片预处理。木片经洗涤后浸泡 24h,平衡水分,用热水浸渍代替常压预汽蒸仓汽蒸,将其置于 15L 蒸煮锅中用 90℃热水浸渍 30min,以除去木片中的空气。

挤压疏解。热水预浸渍处理后的木片,采用 JS10 螺旋挤压疏解机进行挤压和疏解,挤压疏解机的结构压缩比通常为 4:1。

化学预处理。挤压后的木片放入蒸煮锅内,与药液混合均匀后进行化学预处理。化学预处理采用两段式处理方式,化学药品每段用量见表 3.1。

表 3.1　化学预处理工艺条件

处理	参数							
方式	NaOH/%	H_2O_2/%	Na_2SiO_3/%	$MgSO_4$/%	EDTA/%	温度/℃	保温时间/min	液比
第一段	3.3	3.0	2.0	0.2	0.2	70	50	1:4
第二段	3.0	3.0	3.0	0.3	0.3	60	60	1:4

磨浆。经化学预处理后的木片,在 ZSP-300 型高浓磨浆机中进行三段高浓磨浆,磨浆间隙分别为 0.50mm、0.30mm 和 0.15mm,磨浆浓度为 20%~25%,磨浆机主轴的转速为 3000r/min。

酶处理。APMP 高浓磨浆后,进行相应的消潜。取 35g 绝干杨木 APMP 放入浆袋中,调节 APMP 的浓度,用缓冲溶液调节纸浆的 pH,加入不同量酶液,放置于恒温水浴锅中,以便控制纸浆的温度,每隔 5min 搓揉塑料袋,使其反应能够更加均匀。消潜后纸浆用清水洗涤以终止酶的反应。

在消潜过程中分别加入纤维素酶、酸性木聚糖酶和碱性木聚糖酶,观察纤维潜态的消除情况,并改变酶用量、温度、时间、纸浆浓度、pH 等影响因素,分析不同处理工艺条件下各种生物酶改善 APMP 纤维潜态的作用效果。

　　扭结指数和弯曲指数检测。在消潜结束前,取少许未洗涤的纸浆,放在密封袋中。取少量未洗涤的纸浆,放入盛有高纯水的标准分散器中,手动摇晃 15min,使纸浆能够分散均匀。取适当分散好的待测溶液,倒入纤维质量分析仪(fiber quality analyzer,FQA)专用的测量塑料杯中,设定其测量的纤维根数为 5000,测量范围为 0.07～10mm,并保证其纤维频率为 20～70esp。

3.1.1　酶活测定

　　制作葡萄糖浓度标准曲线和木糖浓度标准曲线,分别如图 3.1 和图 3.2 所示。

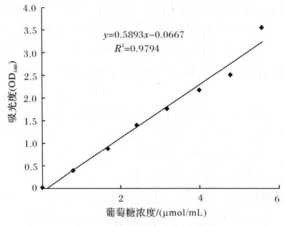

图 3.1　葡萄糖浓度标准曲线

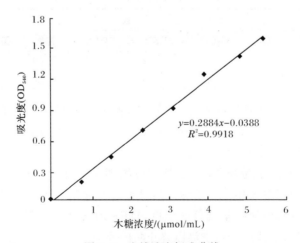

图 3.2　木糖浓度标准曲线

计算出纤维素酶的酶活为 16500IU/g,酸性木聚糖酶的酶活为 9622IU/g,碱性木聚糖酶的酶活为 5299IU/g。

3.1.2 几种酶对杨木 APMP 潜态的影响

消潜处理是消除磨浆过程中纤维潜态的重要手段,其中处理温度直接影响消潜效果,见表 3.2,较高的温度(80℃)明显有利于纤维潜态的消除,与低温下处理(60℃)相比,反映纤维潜态的参数均有大幅度的下降。消潜温度越高,消潜效果越好。各种酶的最适温度为 60℃左右,所以选择消潜温度为 60℃,比较纤维素酶、酸性木聚糖酶和碱性木聚糖酶对消潜效果的改善作用,由表 3.2 可以看出,纤维素酶和碱性木聚糖酶辅助消潜具有更好的效果,且酶用量需要选取最佳值,用量过大会抑制纤维潜态的消除。

表 3.2 纤维素酶、酸性木聚糖酶和碱性木聚糖酶对杨木 APMP 潜态的影响

处理方式	扭结指数	扭结角度/(°)	弯曲指数
未消潜	1.85	28.20	0.111
60℃消潜	1.64	24.10	0.094
80℃消潜	1.60	23.39	0.089
纤维素酶(2.0IU/g 浆)	1.62	23.40	0.092
纤维素酶(3.0IU/g 浆)	1.58	23.18	0.088
碱性木聚糖酶(20IU/g 浆)	1.33	19.07	0.085
碱性木聚糖酶(30IU/g 浆)	1.69	24.86	0.077
酸性木聚糖酶(20IU/g 浆)	1.80	26.47	0.095
酸性木聚糖酶(30IU/g 浆)	1.92	28.16	0.108

注:常规消潜,纸浆浓度 2%、pH 7.0、80℃、30min,消潜过程中需搅拌;纤维素酶消潜,纸浆浓度 2%、pH 6.5、60℃、30min;酸性木聚糖酶消潜,纸浆浓度 2%、pH 5.5、60℃、30min;碱性木聚糖酶消潜,纸浆浓度 2%、pH 8.0、60℃、30min。

碱性木聚糖酶对杨木 APMP 消潜具有促进作用,而酸性木聚糖酶对消潜无明显促进作用。可能原因是在碱性条件下,纤维更容易吸水润胀,有利于潜态的消除;而酸性木聚糖酶在碱性条件下的酶活较低,对消潜几乎没有作用。

3.1.3 杨木 APMP 纤维素酶的酶促消潜

1. 酶用量的影响

本节探讨了不同纤维素酶用量对消潜效果的影响。由图 3.3 中的数据可以看出,与常规消潜工艺相比,加入纤维素酶后,纤维的潜态性降低,即扭结指数和

弯曲指数都有所下降，消潜效果明显提高。随着纤维素酶酶用量的增加，纤维的扭结指数和弯曲指数均呈现增大的趋势，但是在纤维素酶用量增加到一定值后，对纸浆的潜态性的进一步消除作用较小。酶用量从 3.0IU/g 浆增加到 5.0IU/g 浆，酶用量增加了 66.67%，而扭结指数和弯曲指数分别仅降低了 3.45%、1.92%。综合考虑消潜效果和成本，纤维素酶酶促消潜最佳酶用量是 3.0IU/g 浆。此条件与常规条件比较，扭结指数降低了 26.27%、弯曲指数降低了 27.78%。

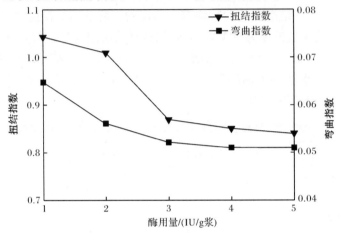

图 3.3 不同纤维素酶用量对消潜效果的影响

纸浆浓度 2%、pH 7.0、温度 80℃、时间 30min，消潜过程中需搅拌

2. 温度的影响

温度也是影响酶促消潜效果的重要因素，在一定的温度范围内，升高温度可以软化纤维，有利于纤维的消潜。但酶对温度的敏感性很强，过高的温度会影响酶的活性，甚至导致酶失活。从图 3.4 和图 3.5 可以看出，随着温度的升高，扭结指数和弯曲指数均有所降低，但当温度升高到 80℃ 以后，扭结指数和弯曲指数呈现上升的趋势，说明过高的温度影响了酶的活性，降低了酶促消潜效果，而且温度过高也增加了能耗。综合考虑，APMP 在酶用量为 3.0IU/g 浆、消潜温度为70～80℃时，纤维素酶的酶促消潜效果最好。温度在 70℃时，与常规消潜比较，扭结指数和弯曲指数分别降低了 25.21% 和 23.53%。

3. 纸浆浓度的影响

由图 3.6 可知，消潜过程中随着纸浆浓度的升高，扭结指数和弯曲指数均呈现上升的趋势，当纸浆浓度上升至 3% 以上时，扭结指数和弯曲指数未出现明显变化。在纸浆浓度为 1% 的条件下消潜效果最好。纸浆浓度为 2% 时，扭结指数和弯曲指数分别下降了 30.34% 和 21.15%。综合考虑消潜成本和消潜效果，APMP

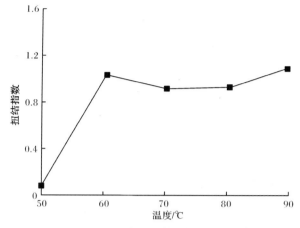

图 3.4　温度对扭结指数的影响

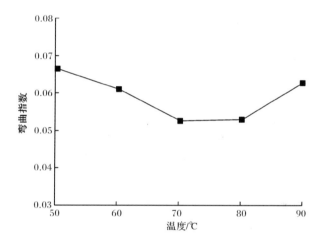

图 3.5　温度对弯曲指数的影响

纸浆浓度 2%、酶用量 3.0IU/g 浆、pH 7.0、时间 30min

在酶用量为 3.0IU/g 浆、温度为 70℃时,采用 2%的纸浆浓度就能满足消潜要求。此时与常规消潜相比,扭结指数和弯曲指数分别降低了 25.21%和 23.53%。

4. 时间的影响

根据图 3.7 中的数据可以得出,消潜时间为 30min 时,消潜效果比较理想,超过 20min 以后,虽然纸浆的潜态性有所下降,但是潜态性下降不明显,反而提高了生产成本,降低了生产效率,不利于 APMP 生产效率的提高。所以 APMP 在酶用量 3.0IU/g 浆、温度 70℃、纸浆浓度 2%时,酶促消潜的最佳处理时间为 30min。

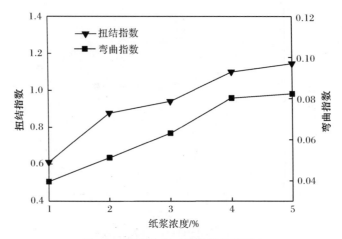

图 3.6　纸浆浓度对消潜效果的影响

酶用量 3.0IU/g 浆、pH 7.0、温度 70℃、时间 30min

5. pH 的影响

酶的活性受 pH 影响很大,不同的酶具有不同的适宜 pH,最适宜 pH 是酶活性最适宜的状态,偏离最适宜 pH 越大,则酶的活性就会越低。本试验所用酶为中性纤维素酶,最适宜 pH 为 6.5。从图 3.8 中的曲线可知,在靠近纤维素酶最适宜 pH 的偏碱性条件下,有利于潜态的消除。因此,纤维素酶酶促消潜的最佳 pH 为 7.0。

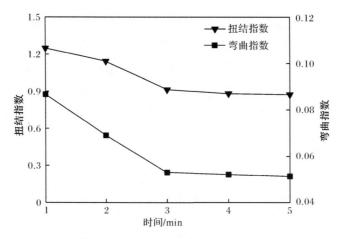

图 3.7　消潜时间对消潜效果的影响

纸浆浓度 2%、酶用量 3.0IU/g 浆、pH 7.0、温度 70℃

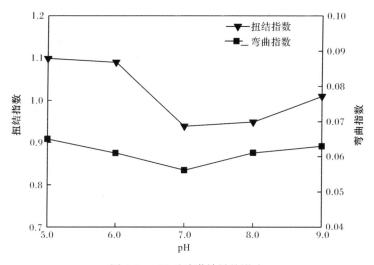

图 3.8　pH 对消潜效果的影响

纸浆浓度 2%、酶用量 2.0IU/g 浆、温度 60℃、时间 30min

3.1.4　杨木 APMP 碱性木聚糖酶的酶促消潜

1. 酶用量的影响

由图 3.9 中的数据可以看出,酶用量在 10IU/g 浆以下时,有助于纸浆潜态的消除,尤其在酶用量为 10IU/g 浆时消潜效果最好,可以使纸浆的扭结指数降低 13.46%,弯曲指数降低 10.77%。但是随着酶用量的进一步增加,纤维的扭结指数和弯曲指数都呈现上升趋势。这可能是过多的碱性木聚糖酶阻碍了纤维的吸水润胀,阻碍了纤维潜态的消除。

2. 温度的影响

图 3.10、图 3.11 为温度对扭结指数和弯曲指数的影响。随着温度的升高,扭结指数和弯曲指数呈现先下降后上升的趋势,当温度为 60℃时,酶促消潜效果较好。随着温度的升高,扭结指数和弯曲指数出现了上升趋势,可能原因是温度过高引起酶蛋白失活,导致酶促消潜效果减弱。因此,酶促消潜温度不宜过高。综合考虑,消潜温度为 60℃时酶促消潜效果最好,而且还可以减少能耗。

3. 纸浆浓度的影响

由图 3.12 可知,随着纸浆浓度的升高,扭结指数和弯曲指数均呈现上升趋势,当纸浆浓度超过 3%时,扭结指数和弯曲指数不会出现明显变化。纸浆浓度为 1%时,消潜效果最好。消潜纸浆浓度从 2%降低到 1%,用水量增加了近 1 倍,但

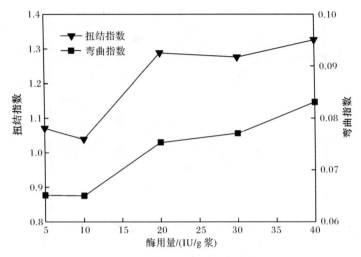

图 3.9　酶用量对消潜效果的影响
纸浆浓度 2%、pH 8.0、温度 80℃、时间 30min

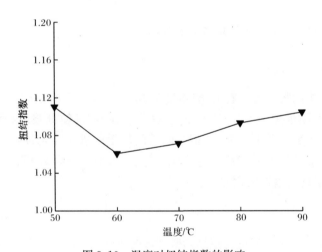

图 3.10　温度对扭结指数的影响

扭结指数和弯曲指数分别降低了 10.91% 和 7.41%。综合考虑成本和消潜效果，采用 2% 的纸浆浓度可以满足消潜要求，以节约生产成本。

4. 时间的影响

由图 3.13 可知，消潜效果随着消潜时间的延长而呈现越来越好的效果，但消潜时间超过 30min 后，消潜效果提高不明显，因此，从消潜效果和经济适用性考虑，消潜适宜时间为 30min。

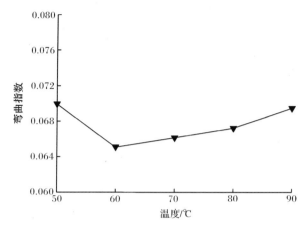

图 3.11　温度对弯曲指数的影响

纸浆浓度 2%、酶用量 10.0IU/g 浆、pH 8.0、时间 30min

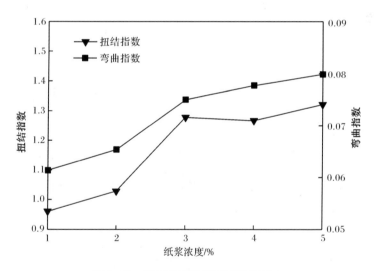

图 3.12　纸浆浓度对消潜效果的影响

酶用量 10.0IU/g 浆、pH 8.0、温度 60℃、时间 30min

5. pH 的影响

pH 对酶的活性有较大的影响,不同种类酶具有不同的适宜 pH。碱性木聚糖酶的最适宜 pH 为 7～9。从图 3.14 可知,在碱性条件下,碱性木聚糖酶的酶促消潜效果较好。因此,木聚糖酶酶促消潜的最佳 pH 为 8.0。

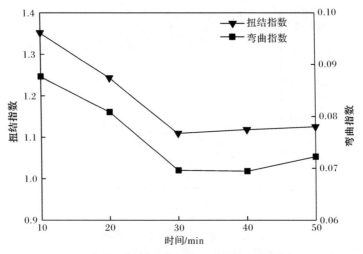

图 3.13　消潜时间对消潜效果的影响

纸浆浓度 2%、酶用量 10.0IU/g 浆、pH 8.0、温度 60℃

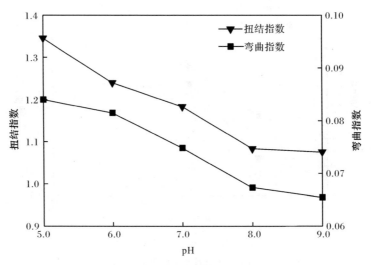

图 3.14　pH 对消潜效果的影响

纸浆浓度 2%、酶用量 10.0IU/g 浆、温度 60℃、时间 30min

3.1.5　小结

（1）在常规消潜过程中加入纤维素酶和碱性木聚糖酶有利于纸浆潜态的消除，而加入酸性木聚糖酶对纤维潜态的消除有负面影响，而且碱性条件下更有助于 APMP 的消潜。

（2）APMP 在消潜过程中加入纤维素酶和碱性木聚糖酶,纤维的扭结指数和弯曲指数均有不同程度的降低。

（3）纤维素酶的酶促消潜较佳处理条件为：酶用量 3.0IU/g 浆,纸浆浓度 2%,pH 7.0,温度 70℃,消潜时间 30min。与常规消潜相比,此消潜条件下纤维的扭结指数和弯曲指数分别降低了 25.21% 和 23.53%。

（4）碱性木聚糖酶的酶促消潜较佳处理条件为：酶用量 10.0IU/g 浆,纸浆浓度 2%,pH 8.0,温度 60℃,消潜时间 30min。与常规消潜相比,此消潜条件下纤维的扭结指数和弯曲指数分别降低了 11.86% 和 9.72%。

3.2 纤维素酶酶促消潜对纸浆性能的影响

纤维素酶在食品、纺织和化学工业等行业已有广泛应用,也已成功运用于造纸行业(隋晓飞等,2008)。但纤维素酶在制浆造纸行业的应用发展起步比较晚,面临的问题较多。为了扩大纤维素酶在造纸行业的应用范围,研究了纤维素酶加入对 APMP 消潜过程中纸张物理性能的影响,并优化处理条件以改善纸浆强度性能,探讨纸浆潜态的消除与纸张物理性能之间的关系。

3.2.1 酶用量的影响

由图 3.15 可以看出,随着酶用量的增加,裂断长、耐破指数和撕裂指数均呈现先增加后降低的趋势。虽然随着酶用量的增加,纸浆的扭结指数和弯曲指数呈现下降趋势,呈现较好的消潜效果,但酶用量过高,不利于纸浆的物理性能。

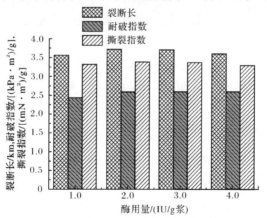

图 3.15　酶用量对纸张物理性能的影响

常规消潜工艺,纸浆浓度 2%、pH 7.0、温度 80℃、时间 30min,消潜过程中需搅拌

由此得知,适当降低纸浆的潜态性有利于纸浆物理性能的提高,但是降低幅

度过大,对纸张的物理性能有不利影响。可能原因是纤维的适当扭结和弯曲,避免了在磨浆过程中对纤维的过分切断,因而在继续加大酶用量的过程中,虽然纤维的潜态性降低了,但其物理性能呈现了降低的趋势。因此,选择纤维素酶酶用量为 2.0IU/g 浆,此酶用量下既保证了纤维素酶的酶促消潜效果,又保证了纸张的物理性能。

3.2.2　温度的影响

通过图 3.16 可以看出,纤维素酶酶促消潜过程中,消潜温度对纸张的物理性能也有一定的影响。温度为 60～70℃时,纸张的裂断长、耐破指数和撕裂指数均呈现上升趋势;温度为 70～90℃时,纸张的裂断长、耐破指数和撕裂指数呈现下降趋势。虽然温度在 70～80℃时消潜效果较好,但在处理温度 80℃时,纸张的物理性能有所降低。因此,综合消潜效果和纸张的物理性能,纤维素酶酶促消潜的最适温度为 70℃。

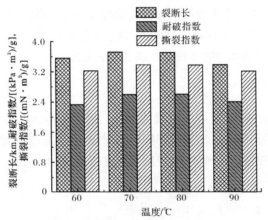

图 3.16　温度对纸张物理性能的影响

纸浆浓度 2%、酶用量 2.0IU/g 浆、pH 7.0、时间 30min

3.2.3　纸浆浓度的影响

通过图 3.17 可以看出,纸张的裂断长、耐破指数和撕裂指数随着纸浆浓度的升高呈现下降的趋势。撕裂指数的降低比较平缓,而耐破指数在纸浆浓度为 3%时下降幅度增加。裂断长在纸浆浓度为 1%～2%时下降不明显,在纸浆浓度增加到 2%以上时,下降幅度较明显。综合考虑,纸浆浓度在 1%时纸张的裂断长、耐破指数和撕裂指数较好,纸浆浓度为 2%时,纸张的裂断长、耐破指数和撕裂指数分别比纸浆浓度 1%降低了2.62%、2.58%和 0.58%。但纸浆浓度为 1%时将增加近 1 倍的用水量而增加成本,且与纸浆浓度 2%的物理强度差别较小,因此,纤维素酶酶促消潜的纸浆浓度选择为 2%。

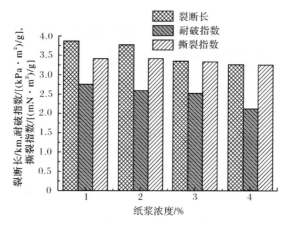

图 3.17　纸浆浓度对纸张物理性能的影响
酶用量 2.0IU/g 浆、pH 7.0、温度 70℃、时间 30min

3.2.4　时间的影响

由图 3.18 可以看出,随着消潜时间的增加,纸张的裂断长、耐破指数和撕裂指数呈现增加的趋势,消潜时间由 10min 延长到 20min 时各项指标上升幅度较大,但 20min 以上时,随着消潜时间的增加,纸张的裂断长、耐破指数和撕裂指数变化较小。所以纤维素酶酶促消潜的最佳处理时间选择为 20min,此时间下纸浆消潜效果和纸张的物理性能都较好。

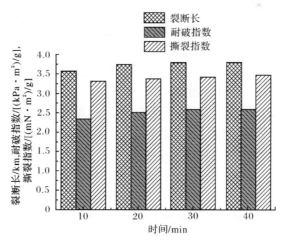

图 3.18　消潜时间对纸张物理性能的影响
纸浆浓度 2%、酶用量 2.0IU/g 浆、pH 7.0、温度 70℃

3.2.5　pH 的影响

通过图 3.19 可以看出,pH 为 7.0 时,纸张的裂断长、耐破指数和撕裂指数值较高,而且此 pH 下的酶促消潜也较好。因此,纤维素酶酶促消潜最适宜 pH 为7.0。

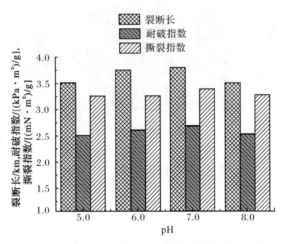

图 3.19　pH 对纸张物理性能的影响

纸浆浓度 2%、酶用量 2.0IU/g 浆、温度 70℃、时间 20min

3.2.6　小结

(1) 虽然纤维素酶酶用量 2.0IU/g 浆、温度 70℃、纸浆浓度 1%、消潜时间 40min 和 pH 7.0 的条件下纸张的物理性能较优,但综合考虑成本等因素,纤维素酶酶促消潜较理想的处理条件为:酶用量 2.0IU/g 浆、温度 70℃、纸浆浓度 2%、消潜时间 20min,pH 7.0,在此条件下与常规消潜比较,耐破指数提高了 17.12%、裂断长提高了 29.09%、撕裂指数提高了 4.75%。

(2) APMP 在消潜过程中添加纤维素酶,可以降低纸浆的潜态,适当地降低潜态有利于提高纸张的物理性能,但是潜态消除过大,会降低纸张的物理性能,所以纤维素酶的酶促消潜要保持在一个适度的范围内,兼顾消潜效果和纸张的物理性能。

3.3　碱性木聚糖酶酶促消潜对纸浆性能的影响

杨木 APMP 在消潜过程中加入纤维素酶和碱性木聚糖酶,纸浆的扭结指数和弯曲指数降低,有助于纸浆潜态的消除。为了了解消潜过程中加入木聚糖酶对纸张物理性能的影响,需要探讨 APMP 的强度性能与纸浆潜态消除的关系。

采用正交试验方法,研究了 APMP 消潜过程中加入了碱性木聚糖酶后纸浆潜态与纸张强度性能的关系。

3.3.1 常规消潜对 APMP 物理性能的影响

通过表 3.3 可以看出,常规消潜可以降低纤维的潜态,由图 3.20 可知,消潜可以提高纸张的裂断长、耐破指数和降低纸张的撕裂指数;通过比较 60℃ 和 80℃ 的处理效果可知,80℃ 的消潜效果更好,而且纸张的物理性能也较好。

表 3.3 消潜对 APMP 纸浆性能的影响

| 处理方式 | 平均扭结值 | | 每毫米扭结数 | 平均卷曲指数 | | 裂断长 /km | 耐破指数 /[(kPa・m²)/g] | 撕裂指数 /[(mN・m²)/g] |
	扭结指数	扭结角度/(°)		CI	CI(L_w)			
未消潜	1.85	28.20	0.89	0.111	0.115	3.102	1.861	3.216
60℃ 消潜	1.60	24.10	0.81	0.093	0.096	3.400	1.825	3.032
80℃ 消潜	1.64	23.39	0.77	0.089	0.092	3.505	1.986	3.016

注:纸浆浓度 2%、pH 7.0、时间 30min。

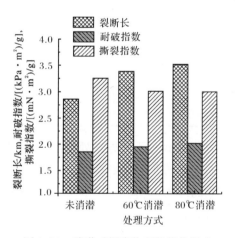

图 3.20 消潜对纸张物理性能的影响

3.3.2 碱性木聚糖酶消潜对 APMP 物理性能的影响

APMP 在消潜过程中受酶用量、温度、纸浆浓度、pH 和消潜时间等因素的影响,采用正交试验设计法,设计 5 因素 4 水平,找出最佳的消潜处理条件,改善 APMP 的物理性能。

根据表 3.4 确定了正交试验方案,见表 3.5。

表 3.4　碱性木聚糖酶对 APMP 酶促消潜的正交试验的因素和水平

水平	因素				
	酶用量/(IU/g 浆)	温度/℃	纸浆浓度/%	pH	消潜时间/min
1	5.0	50	1	6.0	10
2	10.0	60	2	7.0	20
3	20.0	70	3	8.0	30
4	30.0	80	4	9.0	40

表 3.5　碱性木聚糖酶对 APMP 酶促消潜的正交试验方案

编号	酶用量/(IU/g 浆)	温度/℃	纸浆浓度/%	pH	消潜时间/min
1	5.0	50	1	6.0	10
2	5.0	60	2	7.0	20
3	5.0	70	3	8.0	30
4	5.0	80	4	9.0	40
5	10.0	50	2	8.0	40
6	10.0	60	1	9.0	30
7	10.0	70	4	6.0	20
8	10.0	80	3	7.0	10
9	20.0	50	3	9.0	20
10	20.0	60	4	8.0	10
11	20.0	70	1	7.0	40
12	20.0	80	2	6.0	30
13	30.0	50	4	7.0	30
14	30.0	60	3	6.0	40
15	30.0	70	2	9.0	10
16	30.0	80	1	8.0	20

杨木 APMP 在消潜过程中经过不同方式处理后,通过 PFI 磨磨浆和抄纸,确定 APMP 的打浆度和纸张光学性能,试验结果见表 3.6。

表 3.6　酶促消潜对 APMP 打浆度和纸张光学性能的影响

编号	未打浆打浆度 /°SR	打浆后打浆度 /°SR	打浆度增值 /°SR	白度 /%ISO	不透明度 /%	光散射系数 /(m²/kg)
1	16	37	21	71.3	79.7	34.68
2	15	37	22	71.2	79.3	33.97
3	15	41	26	71.2	79.2	33.95
4	15	35	20	70.9	80.3	35.63
5	14	36	22	71.5	79.6	34.58

续表

编号	未打浆打浆度 /°SR	打浆后打浆度 /°SR	打浆度增值 /°SR	白度 /%ISO	不透明度 /%	光散射系数 /(m²/kg)
6	16	36	20	71.3	79.8	34.91
7	15	41	26	70.7	80.7	35.91
8	15	37	22	70.9	79.6	34.57
9	13	35	22	71.2	79.8	34.75
10	17	38	21	71.0	80.4	35.41
11	15	43	28	70.3	80.3	35.07
12	15	30	15	70.8	80.4	35.35
13	14	34	20	71.5	79.4	34.08
14	14	32	18	71.4	79.5	34.47
15	13	33	20	71.2	80.5	35.58
16	13	34	21	71.0	81.0	36.40

1. 对打浆度的影响

在磨浆过程中加入酶可以提高打浆度,降低磨浆能耗,为了了解消潜过程中酶对打浆度和磨浆能耗的影响,进行了极差分析,分析结果见表 3.7。从磨浆前纸浆的打浆度的极差分析可以看出,对打浆度影响最大的是酶用量,其次是处理温度、消潜时间、纸浆浓度和 pH。消潜过程中加入木聚糖酶,对提高纸浆的打浆度影响最大。原因可能是在消潜过程中加入木聚糖酶后,木聚糖酶可以降解纤维细胞壁中的半纤维素,使部分半纤维素变成木糖从细胞壁中脱离出来,细胞纤维壁变得疏松多孔,有利于纤维的吸水润胀。而且木聚糖酶又可以降低纸浆的扭结指数和弯曲指数,进而使纤维之间的结合更紧密,滤水性能降低,提高了打浆度。

表 3.7 酶促消潜对杨木 APMP 打浆度影响的极差分析

纸浆性能	均值	酶用量 /(IU/g 浆)	温度 /℃	纸浆浓度/%	pH	消潜时间 /min
未打浆前的打浆度 /°SR	均值1	15.250	14.250	15.000	15.000	15.250
	均值2	15.000	15.500	14.250	14.750	14.000
	均值3	15.000	14.500	14.250	14.750	15.000
	均值4	13.500	14.500	15.250	14.250	14.500
	极差	1.750	1.250	1.000	0.750	1.250

续表

纸浆性能	均值	酶用量/(IU/g 浆)	温度/℃	纸浆浓度/%	pH	消潜时间/min
同样磨浆转数下打浆度的变化/°SR	均值1	22.250	21.250	22.500	20.000	21.000
	均值2	24.500	20.250	19.750	23.000	22.750
	均值3	21.500	25.000	22.000	22.500	20.250
	均值4	19.750	19.500	21.750	20.500	22.000
	极差	4.750	5.500	2.750	3.000	2.500

通过相同磨浆条件下打浆度变化极差的研究，可以看出对打浆度的影响因素由大到小分别是处理温度、酶用量、pH、纸浆浓度和消潜时间。消潜过程中加入木聚糖酶可以间接降低磨浆能耗，其原因可能是消潜过程中加入木聚糖酶后，使细胞壁变得疏松多孔，有利于磨浆过程中对细胞外壁的磨解破除。

2. 对光学性能的影响

在消潜过程中加入碱性木聚糖酶，改变其酶用量、温度、纸浆浓度、pH 和消潜时间，其酶促消潜对杨木 APMP 光学性能影响的极差分析结果见表3.8。消潜过程中加入木聚糖酶，对纸浆白度结果有显著影响的因素是酶用量和温度。原因是在消潜过程中加入碱性木聚糖酶，使细胞壁变得疏松多孔，消潜过程中的残余药液可以进一步脱除木素，使纸浆的白度提高。对纸张不透明度和光散射系数影响因素较大的是处理温度和纸浆浓度，而酶用量对不透明度和光散射系数影响较小。

表 3.8 酶促消潜对杨木 APMP 光学性能影响的极差分析

纸浆性能	均值	酶用量/(IU/g 浆)	温度/℃	纸浆浓度/%	pH	消潜时间/min
白度/%ISO	均值1	71.123	71.343	70.975	71.035	71.097
	均值2	71.097	71.248	71.172	70.975	71.015
	均值3	70.813	70.852	71.162	71.162	71.183
	均值4	71.290	70.880	71.013	71.150	71.028
	极差	0.477	0.491	0.197	0.187	0.168

续表

纸浆性能	均值	酶用量/(IU/g 浆)	温度/℃	纸浆浓度/%	pH	消潜时间/min
不透明度/%	均值 1	79.657	79.635	80.185	80.070	80.035
	均值 2	79.915	79.765	79.955	79.638	80.188
	均值 3	80.307	80.155	79.528	80.050	79.703
	均值 4	80.082	80.308	80.195	80.105	79.938
	极差	0.650	0.673	0.667	0.467	0.485
光散射系数/(m²/kg)	均值 1	34.558	34.522	35.265	35.102	35.060
	均值 2	34.992	34.690	34.870	34.422	35.258
	均值 3	35.145	35.127	34.435	35.085	34.573
	均值 4	35.133	35.488	35.257	35.218	34.938
	极差	0.587	0.966	0.830	0.796	0.685

3. 对物理性能的影响

酶促消潜对杨木 APMP 物理性能的影响见表 3.9。

表 3.9 酶促消潜对杨木 APMP 物理性能的影响

编号	裂断长/km	抗张指数/[(mN·m²)/g]	撕裂指数/[(mN·m²)/g]	耐破指数/[(kPa·m²)/g]
1	4.22	41.32	3.27	1.79
2	4.34	42.50	3.10	1.94
3	4.09	40.03	3.27	1.87
4	3.27	32.07	3.21	1.80
5	3.93	38.47	3.27	1.74
6	4.67	41.82	3.92	1.91
7	3.47	34.05	3.38	1.56
8	3.31	32.45	3.38	1.50
9	3.92	38.38	4.46	1.67
10	3.89	38.08	4.79	1.53
11	3.75	36.70	4.25	1.47
12	3.20	31.37	4.68	1.41
13	3.85	37.75	4.33	1.55
14	3.21	31.42	3.81	1.47
15	3.50	34.28	3.66	1.50
16	3.33	32.58	3.79	1.40

　　酶促消潜对杨木 APMP 物理性能影响的极差分析见表 3.10。由表中数据可以看出,影响裂断长的重要因素是温度,其次是酶用量;影响撕裂指数的主要因素是酶用量;影响耐破指数的因素由大到小依次为酶用量、温度、pH、消潜时间和纸浆浓度。通过以上分析可以看出,酶用量是影响纸张物理性能的重要因素。

表 3.10　酶促消潜对杨木 APMP 物理性能影响的极差分析

纸浆性能	均值	酶用量/(IU/g 浆)	温度/℃	纸浆浓度/%	pH	消潜时间/min
裂断长/km	均值 1	3.978	3.978	3.888	3.524	3.728
	均值 2	3.744	3.924	3.740	3.811	3.763
	均值 3	3.687	3.700	3.630	3.805	3.851
	均值 4	3.470	3.277	3.621	3.739	3.537
	极差	0.508	0.701	0.267	0.287	0.314
撕裂指数/[(mN·m²)/g]	均值 1	3.186	3.832	3.806	3.785	3.773
	均值 2	3.486	3.905	3.678	3.765	3.683
	均值 3	4.545	3.638	3.729	3.778	4.051
	均值 4	3.897	3.740	3.902	3.787	3.607
	极差	1.359	0.267	0.224	0.022	0.444
耐破指数/[(kPa·m²)/g]	均值 1	1.850	1.686	1.640	1.555	1.580
	均值 2	1.677	1.712	1.650	1.612	1.641
	均值 3	1.518	1.600	1.625	1.637	1.685
	均值 4	1.479	1.527	1.609	1.720	1.619
	极差	0.371	0.185	0.041	0.165	0.105

　　未经消潜的 APMP 的裂断长为 3.10km,适当的酶用量可以提高纸张的裂断长,但是随着酶用量和消潜温度的进一步增加,裂断长出现了降低的趋势。主要原因是酶用量和温度的增加,增加了酶的消潜能力,使纤维的扭结指数和弯曲指数有所下降,但适当的扭结和弯曲可以避免磨浆过程中纤维的过分切断,如果潜态消除过大,磨浆过程中纤维的过分切断会降低纤维之间的结合,因此,酶用量10IU/g 浆和温度 60℃可以使纤维潜态消除及纸张物理性能均较理想。纸浆浓度1%~2%、pH 8.0、消潜时间 30min 时纸张的裂断长最大。

3.3.3　小结

　　(1) 消潜可以提高纸张的物理性能,温度为 80℃时消潜效果较好,而且纸张的物理性能也较好。

(2) 对于碱性木聚糖酶的酶促消潜处理,酶用量是影响纸浆打浆度、撕裂指数和耐破指数的主要因素;温度是影响纸张光学性能、裂断长和打浆度的主要因素。纸浆浓度、pH 和消潜时间对纸浆的光学性能和物理性能影响较小。

(3) 综合考虑 APMP 的磨浆能耗、纸浆物理性能和消潜效果,碱性木聚糖酶消潜的较佳处理条件为:酶用量 5.0IU/g 浆、纸浆浓度 2%、pH 8.0、温度 60℃、时间 30min。

3.4 酶促消潜机制的初步探讨

杨木 APMP 消潜过程中加入纤维素酶和碱性木聚糖酶可有助于纸浆潜态的消除,降低能耗,提高纸张的物理性能(曲琳,2013)。通过保水值测定、环境扫描电镜、X 射线衍射等分析方法探讨了酶促消潜的作用机制。

保水值(water retention value,WRV)反映了纤维的润胀程度,是评价纤维细纤维化程度的一项重要指标,通过对润胀后纸浆进行离心分离,测定纤维保留水分的能力,以百分数方式表示纤维保留水分的能力。纤维产生润胀的原因主要在于纤维素和半纤维素分子结构中含有极性羟基,这种极性羟基能与水分子产生极性吸引,水分子便可以进入纤维素的无定型区内,使纤维素分子链之间的距离增大,纤维相应产生一定的变形,分子之间的氢键结合受到了破坏,进而游离出更多的羟基,进一步促进了纤维的吸水润胀(Jinwon and Kwinam,2002)。

纤维润胀是指纤维细胞在机械的作用下吸收水分,使纤维细胞壁体积变大。纤维中有许多极性的羟基,纤维的极性羟基可以与极性水分子作用而形成水桥,使水分子可以顺利地进入纤维细胞壁的内部,促使纤维的比容增大(Pere et al. ,1996)。纤维的吸水润胀不仅能减弱植物纤维的内聚力,而且能使纤维细胞壁内各层微纤维之间产生相应的层间滑动,使挺硬的纤维变得柔软,具有可塑性。

影响纤维吸水润胀程度的因素有很多,如纤维原料种类、组成、制浆造纸方法、漂白工艺及打浆或磨浆等。例如,棉浆的纤维素含量比较高,结晶区较大,相对而言不易润胀;草类纤维的半纤维素含量比较高,无定型区较大,所以很容易吸水润胀。木素是一种疏水性物质,木素含量相对高的纸浆,其润胀能力相对较弱。制浆方法也影响着纤维的润胀能力,采用不同的制浆方法,纤维的润胀程度也有所不同,硫酸盐纸浆不及亚硫酸盐纸浆的润胀程度高。综上所述,原料、制浆和漂白的方法及湿部环境等都影响着纸浆的保水值。原料和制浆漂白等方法决定着纸浆吸水润胀的基本特性,而打浆或磨浆主要是为了削弱纤维素大分子之间的内聚力,提高纸浆的比表面积(Wong,1999)。湿部环境中的 pH 及无机盐影响了纤维表面吸附双电层的厚度。纤维在偏碱性条件中更易于润胀,在酸性介质中润胀能力较差。

　　纸浆保水值的测定。纸浆平衡水分24h,并测其水分含量,称取相当于绝干浆1.00g的纸浆,用医用纱布包成圆柱状,约为 $\phi 20mm \times 60mm$,置于离心管内($\phi 30mm \times 120mm$),离心管的底部放置若干个带孔塑料管,以托住用医用纱布包住的纸浆,并且在离心管内部的最下端放置一团医用海绵,用来吸收离心时甩出的水。将离心管放置到离心机中,设置离心机的回转半径为10cm、电机功率为250W、调节转速为3000r/min、离心处理20min。取出纸浆称重,纸浆的质量记为 G_0 ,然后放置烘箱中恒重,烘箱的温度为 $(105 \pm 1)℃$,称取绝干浆质量记为 G_1 。保水值公式如下:

$$保水值 = \frac{G_0 - G_1}{G_1} \times 100\%$$

式中, G_0 为离心后纸浆的质量,g; G_1 为绝干浆的质量,g。

　　环境扫描电镜分析见2.5节。X射线衍射分析见2.5节。

3.4.1　纤维素酶的酶促消潜对纸浆保水值的影响

　　APMP在消潜过程中受酶用量、温度、纸浆浓度、pH和消潜时间等因素的影响,采用正交试验进行设计,设计5因素4水平的正交试验,探讨消潜对纸浆保水值的影响。

　　根据表3.11确定了正交试验方案及测定纤维素酶酶促消潜的保水值,试验结果见表3.12。从表中数据可以看出,温度是影响保水值的主要因素,其次是纸浆浓度、消潜时间、酶用量和pH。最佳试验方案为 $A_3B_2C_2D_2E_2$,即酶用量3.0IU/g浆、纸浆浓度2%、pH 7.0、温度60℃、消潜时间20min。分析结果显示,杨木APMP纤维素酶的酶促消潜的最佳条件和保水值的最佳条件基本一致,可见,纸浆消潜与保水值存在密切联系。

表 3.11　纤维素酶的酶促消潜正交试验的因素和水平

水平	因素				
	酶用量/(IU/g浆)	温度/℃	纸浆浓度/%	pH	消潜时间/min
1	1.0	60	1	5.0	10
2	2.0	70	2	6.0	20
3	3.0	80	3	7.0	30
4	4.0	90	4	8.0	40

表 3.12 正交试验方案及纤维素酶酶促消潜纸浆的保水值

编号	酶用量 /(IU/g 浆) A	温度 /℃ B	纸浆浓度 /% C	pH D	消潜时间 /min E	保水值 /%	保水值 −180
1	1.0	50	1	6.0	10	185.15	5.15
2	1.0	60	2	7.0	20	197.65	17.65
3	1.0	70	3	8.0	30	186.72	6.72
4	1.0	80	4	9.0	40	193.32	13.32
5	2.0	50	2	8.0	40	189.90	9.90
6	2.0	60	1	9.0	30	192.49	12.49
7	2.0	70	4	6.0	20	190.19	10.19
8	2.0	80	3	7.0	10	187.97	7.97
9	3.0	50	3	9.0	20	188.32	8.32
10	3.0	60	4	8.0	10	189.77	9.77
11	3.0	70	1	7.0	40	191.36	11.36
12	3.0	80	2	6.0	30	196.13	16.13
13	4.0	50	4	7.0	30	187.93	7.93
14	4.0	60	3	6.0	40	194.32	14.32
15	4.0	70	2	9.0	10	190.53	10.53
16	4.0	80	1	8.0	20	192.79	12.79
K_1	42.84	31.30	41.79	44.91	33.42		
K_2	40.55	54.23	54.21	45.79	48.95		
K_3	48.60	38.80	37.33	39.18	43.27		
K_4	45.57	50.21	41.21	44.66	48.90		
$\overline{K}_1$	14.28	10.43	13.93	14.97	11.14		
$\overline{K}_2$	13.52	18.08	18.07	15.26	16.32		
$\overline{K}_3$	16.20	12.93	12.44	13.06	14.42		
$\overline{K}_4$	15.19	16.74	13.74	14.89	16.30		
极差	2.68	7.65	5.63	2.20	5.18		
优化方案	A_3	B_2	C_2	D_2	E_2		

3.4.2 木聚糖酶的酶促消潜对纸浆保水值的影响

纤维素酶的酶促消潜效果与纸浆保水值存在着密切关系,研究了木聚糖酶的酶促消潜对保水值的影响。采用正交试验分析了酶用量、温度、纸浆浓度、pH 和消潜时间等因素对保水值的影响。表 3.13 为正交试验的因素和水平。

表 3.13　碱性木聚糖酶的酶促消潜正交试验的因素和水平

水平	因素				
	酶用量/(IU/g 浆)	温度/℃	纸浆浓度/%	pH	消潜时间/min
1	5.0	50	1	6.0	10
2	10.0	60	2	7.0	20
3	20.0	70	3	8.0	30
4	30.0	80	4	9.0	40

由表 3.14 中的数据可以得出,酶促消潜过程中影响纸浆保水值的因素由影响程度大小排序依次为酶用量、温度、pH、纸浆浓度和消潜时间,最优试验方案为 $A_2B_2D_3C_3E_3$。

表 3.14　正交试验方案及碱性木聚糖酶酶促消潜纸浆的保水值

编号	酶用量/(IU/g 浆) A	温度 /℃ B	纸浆浓度 /% C	pH D	消潜时间 /min E	保水值 /%	保水值 −200
1	5.0	50	1	6.0	10	224.19	24.19
2	5.0	60	2	7.0	20	237.10	37.10
3	5.0	70	3	8.0	30	238.62	38.62
4	5.0	80	4	9.0	40	233.60	33.60
5	10.0	50	2	8.0	40	227.32	27.32
6	10.0	60	1	9.0	30	259.26	59.26
7	10.0	70	4	6.0	20	213.97	13.97
8	10.0	80	3	7.0	10	235.35	35.35
9	20.0	50	3	9.0	20	215.65	15.65
10	20.0	60	4	8.0	10	217.10	17.10
11	20.0	70	1	7.0	40	218.28	18.28
12	20.0	80	2	6.0	30	210.32	10.32
13	30.0	50	4	7.0	30	222.13	22.13
14	30.0	60	3	6.0	40	239.29	39.29
15	30.0	70	2	9.0	10	253.05	53.05
16	30.0	80	1	8.0	20	220.74	20.74
K_1	133.51	82.81	122.46	87.77	123.85		

续表

编号	酶用量 /(IU/g 浆) A	温度 /℃ B	纸浆浓度 /% C	pH D	消潜时间 /min E	保水值 /%	保水值 -200
K_2	135.90	152.75	129.30	106.38	87.46		
K_3	61.35	123.92	128.91	103.78	129.69		
K_4	135.21	100.01	80.32	161.56	118.49		
$\overline{K}_1$	44.50	27.60	40.82	29.26	41.28		
$\overline{K}_2$	45.30	50.92	43.10	35.46	29.15		
$\overline{K}_3$	20.45	41.31	42.97	34.59	43.23		
$\overline{K}_4$	45.07	33.34	26.77	53.85	39.50		
极差	24.85	23.32	16.33	24.59	14.08		
优化方案	A_2	B_2	C_2	D_3	E_3		

对于同样方法制得的纸浆,细小纤维的含量越高,纤维长度越短,纸浆的保水值就大。由表 3.12 和表 3.14 可以看出,杨木 APMP 在消潜过程中无论加入纤维素酶还是木聚糖酶均会影响纸张的保水值,未经过酶促消潜的杨木 APMP 的保水值经测定为 172.35%,加入纤维素酶后保水值最高可以提高 14.02%,加入木聚糖酶后保水值最高可以提高 49.56%。纤维素酶和木聚糖酶破坏了纤维细胞壁的微细结构,使细胞壁变得疏松多孔,而且纤维的比表面积增大,有利于纤维的吸收润胀,并且由于酶的作用,使纤维细胞壁中游离出更多的羟基,从而提高了纸浆的吸水性,进而提高了保水值。

3.4.3 扫描电镜分析

在制浆造纸过程中,扫描电镜可以用于分析和观察纤维表面分丝帚化、细小纤维组分、纤维表面粗糙度及纤维损伤等。植物纤维的形态对纸浆的性质有非常重要的影响,利用扫描电镜可以观察纸张或浆内纤维的微细结构,从而掌握进一步纤维的变化。本节通过纸浆电镜分析来研究杨木 APMP 酶促消潜对纸浆形态的影响。

1. 常规消潜对纤维表面形态的影响

图 3.21(a)、(b)是杨木 APMP 磨浆后未经过消潜的纸浆纤维表面放大 200 倍和 800 倍的扫描电镜图。

图 3.22 是杨木 APMP 磨浆后用常规方法消潜,具体消潜条件为纸浆浓度 2%、pH 7.0、温度 80℃、消潜时间 30min。图 3.23 是杨木 APMP 磨浆后采用常

规消潜条件,其他条件不变,温度为 60℃。

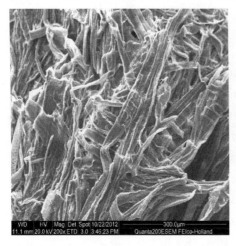
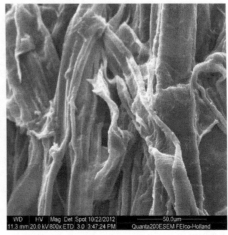

　　　　(a) 放大 200 倍　　　　　　　　　　　　(b) 放大 800 倍

图 3.21　未经过消潜的纸浆表面放大 200 倍和 800 倍的扫描电镜图

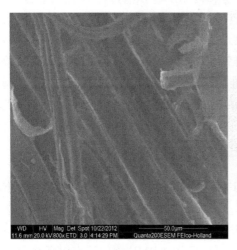
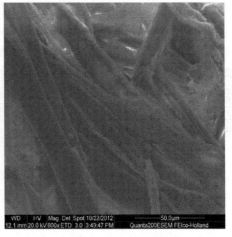

　　图 3.22　常规 80℃消潜　　　　　　　　　图 3.23　常规 60℃消潜

　　从图 3.21 可以看出,未经过消潜处理的纤维交织复杂,纤维表面的细胞壁破损严重,部分已经脱落,纤维边缘含有很多细小组分及碎片,纤维比较弯曲。从图 3.22 可以看出,消潜使细小的组分明显减少,纤维表面变得柔软松弛,纤维本身没有受到过分的切断,纤维发生了吸水润胀,纤维变得笔直,纤维表面有轻微的帚化现象。60℃消潜效果明显不如 80℃消潜效果好,图 3.23 中的纤维扭结弯曲程度较大,而图 3.22 中的纤维挺直,且纤维润胀程度低,说明较高温度有助于杨木 APMP 消潜。

2. 酶促消潜对纤维表面形态的影响

图 3.24~图 3.26 为杨木 APMP 消潜过程中不同纤维素酶用量和温度下的纤维形态变化图。图 3.24 的消潜条件为:酶用量 10.0IU/g 浆、纸浆浓度 2%、pH 7.0、温度 60℃、消潜时间 20min;图 3.25 的消潜条件为:酶用量 3.0IU/g 浆、纸浆浓度 2%、pH 7.0、温度 80℃、消潜时间 20min;图 3.26 的消潜条件为:酶用量 3.0IU/g 浆、纸浆浓度 2%、pH 7.0、温度 60℃、消潜时间 20min。对图 3.24~图 3.26 的比较可以看出,图 3.26 纤维更加挺直,润胀程度最好,纤维排列有序,纤维表面光滑,有较少的细胞壁碎片附着,说明优化条件适合杨木 APMP 消潜。

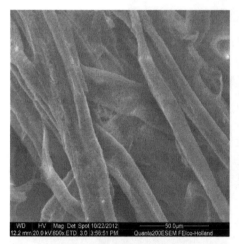 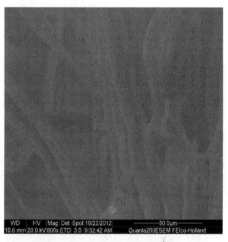

图 3.24　纤维素酶酶促消潜　　　　　图 3.25　纤维素酶酶促消潜
（酶用量 10.0IU/g 浆、温度 60℃）　　　（酶用量 3.0IU/g 浆、温度 80℃）

图 3.27~图 3.29 为杨木 APMP 木聚糖酶酶促消潜过程中不同酶用量和温度下的纤维形态变化图。图 3.27 的消潜条件为:酶用量 50.0IU/g 浆、纸浆浓度 2%、pH 8.0、温度 60℃、消潜时间 30min;图 3.28 的消潜条件为:酶用量 10.0IU/g 浆、纸浆浓度 2%、pH 8.0、温度 80℃、消潜时间 30min;图 3.29 的消潜条件为:酶用量 10.0IU/g 浆、纸浆浓度 2%、pH 8.0、温度 60℃、消潜时间 30min。对图 3.27~图 3.29 的比较可以看出,图 3.29 纤维更加挺直,润胀程度最好,纤维排列有序,纤维表面光滑,有较少的细胞壁碎片附着,细小组分明显减少,纤维表面柔软、松弛,纤维本身没有受到过分的切断,但增加了纤维的比表面积,增加了纤维结合力,从而有利于纸浆物理强度的提高。另外,纤维明显吸水润胀,纤维挺直,在消潜过程中加入碱性木聚糖酶可显著强化纸浆潜态的消除。

图 3.26　纤维素酶酶促消潜(酶用量 3.0IU/g 浆、温度 80℃)

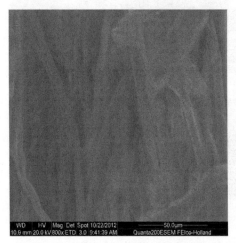

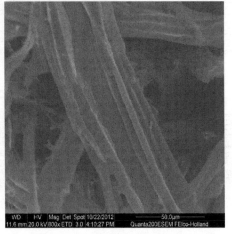

图 3.27　碱性木聚糖酶酶促消潜　　　　　图 3.28　碱性木聚糖酶酶促消潜
（酶用量 50.0IU/g 浆、温度 60℃）　　　　（酶用量 10.0IU/g 浆、温度 80℃）

3.4.4　X 射线衍射分析

　　以 APMP 未消潜、常规消潜、碱性木聚糖酶酶促消潜和纤维素酶酶促消潜为试样,进行 X 射线衍射分析,并计算出纸浆结晶度的变化,不同条件下的 X 射线衍射分析如图 3.30 所示。

　　APMP 未消潜的结晶度为 60.51%,常规消潜的 APMP 结晶度为 59.72%,消潜纤维的结晶区有所降低,由于半纤维素分子和纤维素分子结构中都含有极性羟基,在 APMP 消潜过程中,这种极性羟基可以与极性的水分子产生极性吸引,使水

图 3.29　碱性木聚糖酶酶促消潜(酶用量 10.0IU/g 浆、温度 60℃)

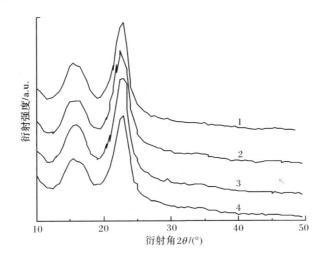

图 3.30　不同处理方式下 APMP 的 X 射线衍射图

1.纤维素酶酶促消潜(酶用量 3.0IU/g 浆、纸浆浓度 2%、pH 7.0、温度 60℃、时间 20min);

2.碱性木聚糖酶酶促消潜(酶用量 10.0IU/g 浆、纸浆浓度 2%、pH 8.0、温度 60℃、时间 30min);

3.常规消潜(纸浆浓度 2%、pH 7.0、温度 80℃、时间 30min);4.未消潜

分子可以顺利进入纤维素的无定形区内,使无定形区变大,所以纤维的结晶区相应变少。纤维素酶酶促消潜的 APMP 的结晶度为 59.74%、碱性木聚糖酶酶促消潜的 APMP 的结晶度为 59.64%,碱性木聚糖酶更有助于纤维的润胀,与测得的纤维保水值的结果相同,保水值间接地反映了纤维的润胀程度。比较常规消潜和酶促消潜,酶促消潜更有助于纤维的润胀。

3.4.5　小结

（1）纤维素酶酶促消潜润胀的较优条件为：酶用量 3.0IU/g 浆，纸浆浓度 2%，pH 7.0，温度 60℃，消潜时间 20min。

（2）碱性木聚糖酶酶促消潜润胀的较优条件为：酶用量 10.0IU/g 浆，纸浆浓度 2%，pH 8.0，温度 60℃，消潜时间 30min。

（3）酶促消潜效果与纸浆的润胀程度存在关联性，可以间接用纸浆的润胀程度表征消潜效果。

（4）APMP 在消潜过程中加入纤维素酶和碱性木聚糖酶使纤维的扭结指数和弯曲指数均有不同程度的降低，酶能够强化纸浆潜态的消除。

参 考 文 献

孔凡功，陈嘉川，杨桂花，等. 2003. 三倍体毛白杨单段预处理 APMP 制浆. 黑龙江造纸，31(4)：7-9.

曲琳. 2013. 高得率浆酶促消潜的研究. 济南:齐鲁工业大学硕士学位论文.

曲琳，陈嘉川，杨桂花，等. 2013. 聚木糖酶改善杨木 APMP 浆消潜效果的研究. 中国造纸，32(5):7-10.

隋晓飞，陈嘉川，杨桂花，等. 2008. 纤维素酶协同木聚糖酶预处理对磨浆能耗及其性能的影响. 中华纸业，29(8):30-32.

周亚军，袁志润，江智华. 2007. 高得率浆的特性与应用. 国际造纸，26(1):1-10.

周亚军，张栋基，李甘霖. 2005. 漂白高得率化学机械浆综述. 中国造纸，24(5):51-60.

Cannell E, Cockram R. 2000. The future of BCTMP. Pulp and Paper, 74(5):61-76.

Jinwon P, Kwinam P. 2002. Improvement of the physical properties of reprocessed paper by using biological treatment with modified cellulose. Bioresource Technology, 79(3):91-94.

Pere J, Liukkonen S, Siikaaho M, et al. 1996. Use of purified enzymes in mechanical pulping// Proceeding of the Pulping Conference, Nashville:693-696.

Reis R. 2001. The increased use of hardwood high yield pulps for functional advantages in paper-making//Papermakers Conference 2001, Cincinnati:87-108.

Xu E. 2001. P-RC alkaline peroxide mechanical pulping of hardwood, Part 1:Aspen, beech, birch, cotton wood and maple. Pulp and Paper Canada, 102(2):44-47.

Wong K K Y, Mansfield S D. 1999. Enzymatic processing for pulp and paper manufacture//The 53rd Appita Annual General Conference, Rotorua:409-418.

第4章 生物帚化

制浆造纸行业能源消耗大,打浆和精浆工段的能源消耗约占生产成本的20%。本章提出了生物帚化概念,研究了纤维素酶和木聚糖酶处理对纸浆的帚化作用,分析了生物帚化对成纸强度和打浆能耗的影响;探讨了生物酶处理对APMP、P-RC APMP、BCTMP等纸浆的处理效果,优化了处理时间、pH、温度和酶用量等作用参数;对纤维素酶 N476 和木聚糖酶 51024 处理 APMP 进行了研究;对生物帚化技术进行了中试研究。

4.1 APMP 的生物帚化

纤维润胀和分丝帚化是打浆的重要作用,可改善纤维的交织和结合。所谓帚化是指纸浆经过打浆后纤维细胞壁发生的起毛、撕裂和分丝等现象。

如图 4.1 所示,由于纤维的特殊结构,初生壁(P)和次生壁外层(S_1)对机械和化学作用的阻力较大,限制了次生壁中层(S_2)的润胀和分丝帚化。因此,需要较高的打浆能量先将 P 层和 S_1 层打碎破除,否则难以获得理想的打浆度和纤维形态。P 和 S_1 的脱除不仅增加了打浆能耗,而且过高的打浆能量将使纤维过度切断,产生大量的纤维碎片,导致纸张强度和滤水性能下降。

阔叶木材含有大量壁厚、粗大的导管细胞,机械打浆很难将其软化和去除,从而在纸页中形成孔洞和透明点。与普通纤维相比,导管细胞表面游离羟基数量少,难以发生分丝帚化作用,结合能力弱,导致成纸存在掉毛掉粉现象,影响印刷质量(陈嘉川等,2013)。

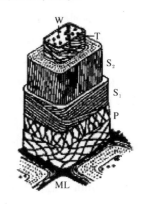

图 4.1　纤维细胞壁结构示意图

纤维润胀是指在机械打浆作用下,纤维细胞吸收水分发生体积膨大的现象。纤维存在大量羟基,在打浆过程中,纤维的羟基与水形成水桥,大量水分子进入纤维内部,促使纤维比容增大。吸水润胀可减弱纤维内聚力,细胞壁微纤维易于发生层间滑动,使挺硬的纤维变得柔软可塑(谢来苏和詹怀宇,2001)。

初生壁未打破之前,纤维吸水润胀程度较慢。随着打浆的进行,初生壁及次生壁外层不断脱除,纤维润胀加快,纤维直径可迅速增大(Nagarajan,1996)。吸水润胀效应使纤维柔软可塑,比表面积增大,内部结构松弛,内聚力下降,有利于纤维的帚化(Park,1998)。

生物帚化是通过生物酶的作用促使纤维发生帚化。酶促打浆过程在一定程度上也发生了生物帚化作用。

打浆度可表征纸浆在网上的滤水速率、吸水润胀和分丝帚化程度。细纤维化程度大,打浆度相应也高。随着打浆的进行,纤维结合力不断上升,纤维平均长度下降。生物帚化减少了机械力,可避免纤维的过多切断,这对改善高得率浆性能是非常有利的。

纸浆为山东晨鸣纸业集团股份有限公司所产APMP,经充分洗涤,平衡10h以上。酶制剂为诺维信纤维素酶N476及液体木聚糖酶制剂。

1. 纤维素酶酶活测定

纤维素酶酶活测定通过7230型分光光度计测定。

DNS试剂的配制:①104g NaOH溶于1300mL水中;②30g 3,5-二硝基水杨酸加入①中混合均匀;③910g酒石酸钾钠溶于2500mL水中;④25g苯酚加25g无水亚硫酸钠后,加入③中混合均匀。将以上各步骤的混合液混合,加入1200mL水后放在棕色试剂瓶中,暗处放一周。

由米氏方程可知,在酶促反应中当底物浓度不变时,反应速率与酶浓度成正比,这是测定酶活的基本理论。

1)采用标准曲线法测定纤维素酶酶活

(1)配制1mg/mL的葡萄糖溶液。

(2)分别取上述葡萄糖溶液0、0.2mL、0.4mL、0.6mL、0.8mL、1.0mL、1.2mL、1.5mL于干燥刻度试管中,补加水至1.5mL。

(3)加DNS试剂2mL,煮沸10min后冷却,定容至15mL摇匀,测定吸光度(波长为550nm),见表4.1。

表4.1 葡萄糖溶液体积和浓度及对应吸光度

葡萄糖溶液体积/mL	葡萄糖溶液浓度/(μmol/mL)	吸光度(波长为550nm)
0	0	0
0.2	0.7400	0.069
0.4	1.4801	0.272
0.6	2.2202	0.473
0.8	2.9603	0.667
1.0	3.7004	0.817
1.2	4.4404	0.968
1.5	5.5506	1.231

(4) 用 OD_{550} 值和葡萄糖溶液浓度作相关曲线图,如图 4.2 所示。

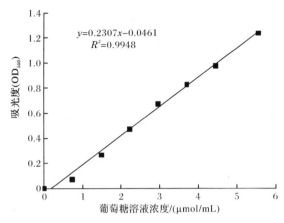

$$y=0.2307x-0.0461$$
$$R^2=0.9948$$

图 4.2 葡萄糖吸光度标准曲线图

2) 羧甲基纤维素钠酶解试验

取 0.5% 羧甲基纤维素钠悬浮液 2mL(pH 4.8,0.05mol/L NaAc 缓冲液配制)加 0.5mL 稀释酶液,45℃孵育 30min 后加 2mL DNS 试剂,终止反应。煮沸冷却后,定容至 15mL,摇匀后测定 OD_{550} 值,通过标准曲线计算对应葡萄糖含量,计算酶活(1min 生成 1μmol 木糖的酶量为 1IU)。

$$H=\frac{DV_1C}{TV_2}$$

式中,H 为纤维素酶酶活,IU/mL;D 为酶液稀释倍数;V_1 为比色管定容体积,mL;C 为葡萄糖溶液浓度,μmol/mL;T 为反应时间,min;V_2 为酶液体积,mL。

根据获取的标准曲线,可得研究采用的酶制剂 N476 和 51059 酶活分别为 580IU/mL 和 450IU/mL。

2. 木聚糖酶酶活测定

诺维信木聚糖酶 51024 酶活测定也采用分光光度法。

DNS 试剂的配制:①104g NaOH 溶于 1300mL 水中;②30g 3,5-二硝基水杨酸加入①中混合均匀;③910g 酒石酸钾钠溶于 2500mL 水中;④25g 苯酚与 25g 无水亚硫酸钠混合后加入③中混合均匀。将以上各步骤的混合液混合,加入 1200mL 水后,放在棕色试剂瓶中,暗处放一周。

1) 采用标准曲线法测定木聚糖酶酶活

(1) 配制 1mg/mL 的木糖溶液。

(2) 分别取上述木糖溶液 0、0.2mL、0.4mL、0.6mL、0.8mL、1.0mL、1.2mL、1.5mL 于干燥刻度试管中,补加水至 1.5mL。

（3）加 DNS 试剂 2mL，煮沸 10min 后冷却，定容至 15mL 摇匀，测定吸光度（波长为 550nm），见表 4.2。

表 4.2　木糖溶液体积和浓度及对应吸光度

木糖溶液体积/mL	木糖溶液浓度/(μmol/mL)	吸光度(波长为 550nm)
0	0	0
0.2	0.8881	0.155
0.4	1.7762	0.445
0.6	2.6643	0.729
0.8	3.5525	0.962
1.0	4.4406	1.246
1.2	5.3287	1.456
1.5	6.6608	1.843

（4）用 OD_{550} 值和木糖溶液浓度作相关曲线图，如图 4.3 所示。

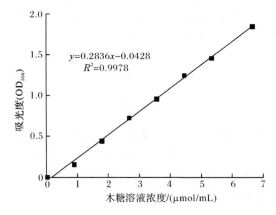

图 4.3　木糖吸光度标准曲线图

2）木聚糖酶解试验

取 0.5％木聚糖悬浮液 2mL（pH 4.8，0.05mol/L，NaAc 缓冲液配制）加 0.5mL 稀释酶液，45℃孵育 30min 后加 2mL DNS 试剂终止反应。煮沸冷却后，定容至 15mL，摇匀后测定吸光度，通过标准曲线计算木糖含量。

$$H = \frac{DV_1 C}{TV_2}$$

式中，H 为木聚糖酶酶活，IU/mL；D 为酶液稀释倍数；V_1 为比色管定容体积，mL；C 为木聚糖溶液浓度，μmol/mL；T 为反应时间，min；V_2 为酶液体积，mL。研究用木聚糖酶 51024 酶活为 17000IU/mL。

纸浆的酶处理条件见表 4.3 和表 4.4。

表 4.3　纤维素酶处理试验条件

因素	酶用量/(IU/g 浆)	pH	温度/℃	时间/min	纸浆浓度/%
条件	0、10、20、30	5～6	50～55	100	10

表 4.4　木聚糖酶处理试验条件

因素	酶用量/(IU/g 浆)	pH	温度/℃	时间/min	纸浆浓度/%
条件	0、20、25、30	6～7	40～50	100	10

4.1.1　酶处理时间对纸浆成纸强度性能的影响

图 4.4 和图 4.5 分别为纤维素酶和木聚糖酶处理时间对成纸强度的影响。随着时间的增加,裂断长和耐破指数逐渐增加。处理时间小于 80min 时,强度增长平缓,超过 100min 后强度开始降低,当处理时间超过 110min 后,强度指标基本不变。因此,酶处理时间为 100min 时最有利于改善纸浆强度性能。

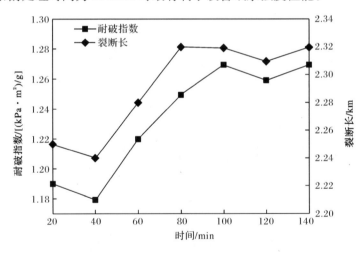

图 4.4　纤维素酶处理时间对纸浆成纸强度的影响
温度 50℃、磨浆 27000r、pH 6.0、酶用量 20IU/g 浆

4.1.2　酶处理 pH 对纸浆成纸强度性能的影响

处理体系 pH 对酶活影响很大,苏珂汉纤维素酶在弱酸性(pH 5～6)条件下酶活高,而诺维信木聚糖酶在偏中性(pH 6.5)条件下活性最高。图 4.6 为 pH 对木聚糖酶处理纸浆性能的影响,pH 为 6.5 时纸浆的物理强度最高。

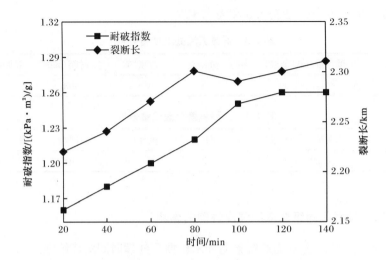

图 4.5　木聚糖酶处理时间对纸浆成纸强度的影响

温度 50℃、磨浆 27000r、pH 6.0、酶用量 20IU/g 浆

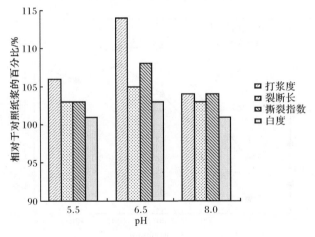

图 4.6　pH 对木聚糖酶处理纸浆成纸性能的影响

时间 100min、温度 50℃、磨浆 27000r、酶用量 20IU/g 浆

4.1.3　酶处理温度对纸浆成纸强度性能的影响

由反应动力学原理可知,处理温度升高可加快反应速率,减少反应时间。但酶制剂为生物活性物质,温度过高会导致酶失活。在酶处理过程中,纤维素酶和木聚糖酶处理温度分别为 50℃ 和 55℃ 时成纸强度最好,处理温度超过 70℃ 后酶活会大大降低,对成纸性能不利。图 4.7 所示为温度对纤维素酶处理纸浆性能的

影响。

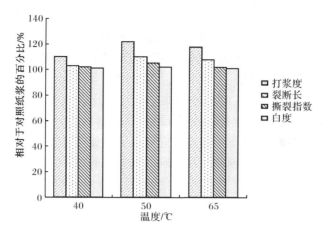

图 4.7　温度对纤维素酶处理纸浆性能的影响

处理时间 100min、pH 5、打浆 27000r、纤维素酶用量 20IU/g 浆

4.1.4　酶处理对纸浆成纸强度性能的影响

APMP 酶处理后的纸浆物理性能检测结果见表 4.5。

表 4.5　APMP 酶处理后的纸浆物理性能

指标	处理方式		
	空白试验	纤维素酶	木聚糖酶
磨浆转数/r	32000	32000	32000
紧度/(g/cm³)	0.38	0.39	0.38
耐折度/次	2	3	3
光散射系数/(m²/kg)	36.50	34.21	33.33
光吸收系数/(m²/kg)	0.46	0.41	0.39
裂断长/km	2.15	2.64	2.36
撕裂指数/[(mN·m²)/g]	1.38	1.42	1.47
耐破指数/[(kPa·m²)/g]	1.05	1.34	1.27

注:空白试验,磨浆 32000r、酶用量 0、100min、50℃、pH 6.0;纤维素酶处理,磨浆 32000r、酶用量 20.0IU/g 浆、100min、50℃、pH 6.0;木聚糖酶处理,磨浆 32000r、酶用量 25.0IU/g 浆、100min、50℃、pH 6.5。

在相同的磨浆转数下,酶处理可改善纸浆的物理强度,酶处理后纸浆裂断长增大,纤维素酶处理更为显著,增加了 0.49km;酶处理也提高了撕裂指数和耐破指数。纤维素酶处理优于木聚糖酶处理,且生物酶处理可促进内部细纤维化和层间剥离,进而改善打浆性能,促使纤维之间结合更紧密,提高了纸浆成纸物理强度。

4.1.5　酶处理对纸浆成纸光学性能的影响

在磨浆过程中机械作用使纸浆产生离散和破碎作用,纤维发生细纤维化,纤维结构变化较大(姜云和张升友,2007)。随着磨浆强度的增加,纸浆中细小纤维和纤维碎片会大量离散出来,这些细小纤维和碎片会降低纸页纤维之间的间隙,纤维之间结合更加紧密,减少了光在纤维—空气—纤维间界面的反射和散射,使光散射系数和不透明度下降。图4.8是相同打浆度(43°SR)下纤维素酶和木聚糖酶处理对不透明度和白度的影响。酶处理减少了机械对纤维的过多损伤,增加了纸浆的不透明度。白度是纸浆抄造和印刷的重要性能指标,木聚糖酶处理可降解木聚糖,破坏并减少部分LCC和发色结构,处理后纸浆白度增加了1.2%ISO。

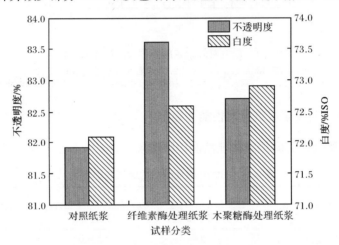

图4.8　酶处理对纸浆不透明度和白度的影响

4.1.6　纤维特性分析

采用纤维质量分析仪(FQA)分析纸浆的纤维特性,见表4.6。纸浆经过纤维素酶或木聚糖酶处理后,纤维数量平均长度(L_n)、长度加权平均长度(L_w)及质量加权平均长度(L_{ww})都有所增加,且细小纤维数量有所降低。细小纤维具有较高的比表面积,会优先吸附酶制剂,纤维素酶可以降解并去除这些细小纤维,从而减少细小组分,提高整体纤维的平均长度,酶处理对纤维的软化作用也减小了磨浆过程中对纤维的切断作用。纸浆在打浆时更易于纤维分丝帚化,纤维P层和S_1层容易脱除,酶处理后纤维宽度明显减小。纤维扭结是细胞壁受损导致纤维走向突然转折,酶处理增大了纤维扭结指数,这可以减少打浆过程中纤维的过分切断,增强纤维之间的结合强度。

表 4.6 酶处理后 APMP 纤维特性分析结果

试样	数量平均长度/mm	长度加权平均长度/mm	质量加权平均长度/mm	纤维宽度/μm	纤维扭结指数/mm	细小组分数量含量/%
对照纸浆	0.538	0.638	0.737	21.5	0.52	37.74
纤维素酶处理纸浆	0.594	0.667	0.795	20.1	0.62	32.68
木聚糖酶处理纸浆	0.564	0.659	0.774	20.6	0.58	35.36

注:对照纸浆,打浆度 48°SR、酶用量 0、90min、48℃、pH 6.0;纤维素酶处理两段磨浆,打浆度 48°SR、酶用量 20IU/g 浆、90min、48℃、pH 6.0;木聚糖酶处理两段磨浆,打浆度 48°SR、酶用量 25IU/g 浆、90min、48℃、pH 6.5。

4.1.7 扫描电镜分析

扫描电镜是研究纤维表面微区形态的重要工具,通过环境扫描电镜观察了酶处理对纤维形态的影响。

如图 4.9 所示,对照纸浆的纤维完整且较挺硬,无明显断裂,但边缘含有细小组分及碎片。图 4.10 为纤维素酶处理后的纸浆,同对照纸浆相比,细小组分明显减少,纤维表面凹陷、柔软、松弛,纤维本身没有被过分的降解、断裂,这增加了纤维的比表面积,促进了纤维的结合,提高了成纸强度。木聚糖酶的处理也较温和,如图 4.11 所示,纤维表面没有太多碎片、细小组分,纤维光滑、柔软,促进了物理强度的提高。酶处理使纤维表面特性发生很大变化,这种变化有利于改善打浆性能,提高纸浆物理特性。

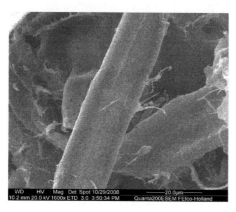

图 4.9 对照纸浆环境扫描电镜图

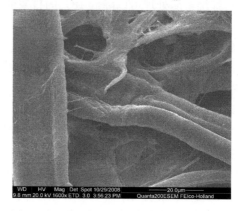

图 4.10 纤维素酶处理纸浆环境扫描电镜图

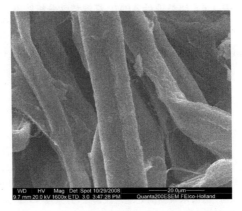

图 4.11　木聚糖酶处理纸浆环境扫描电镜图

4.1.8　小结

（1）纤维素酶和木聚糖酶处理 APMP 的较优处理时间不同，纤维素酶处理时间为 80min，木聚糖酶处理时间为 100min；当处理时间超过 100min 后纸浆成纸强度呈下降趋势。

（2）pH 对酶处理效果影响显著，纤维素酶较适宜 pH 为 6.0，木聚糖酶处理最适宜 pH 为 6.5，酶处理 pH 偏离适宜 pH 会导致处理效果明显降低。

（3）纤维素酶处理温度在 50℃时成纸强度最优，木聚糖酶的处理较优温度为 55℃，当超过 70℃时酶活降低，效果较差。

（4）纤维素酶和木聚糖酶处理可降低 APMP 打浆能耗，当打浆度为 42°SR 时，纤维素酶处理可以降低 18% 的打浆能耗。

（5）酶处理可以改善纸浆的物理强度，纤维素酶处理优于木聚糖酶。木聚糖酶处理在提高白度方面具有更好效果，纤维素酶改善不透明度效果更佳。

（6）通过 FQA 和环境扫描电镜对酶处理后的纤维分析显示，纤维的平均长度增大，纤维表面光滑、凹陷、松弛，比表面积增大，细小组分减少。

4.2　P-RC APMP 的生物帚化

P-RC APMP 是温和化学预处理的碱性过氧化氢漂白机械浆，采用两段预浸和两段磨浆工艺。P-RC APMP 作为高得率浆，具有成本低、得率高、污染小、纤维束含量低、滤水性好和成纸松厚度好等优点，是现代机械浆的重要浆种之一（周亚军等，2005）。P-RC APMP 同样打浆困难、纤维不易分丝帚化，本节研究了纤维素酶和木聚糖酶的生物帚化作用，分析了酶处理对纸浆成纸强度和纤维形态的影响,优化了酶处理工艺条件。

4.2.1　不同打浆能耗下的生物帚化效果

打浆能耗与打浆度有关,可用打浆度变化间接表示打浆能耗变化。纤维素酶用量与能耗的关系如图 4.12 所示。

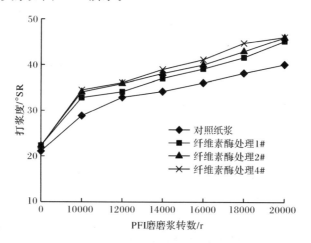

图 4.12　纤维素酶用量与能耗的关系

1♯、2♯、4♯酶用量分别为 20IU/g 浆、25IU/g 浆和 30IU/g 浆,温度 50℃,时间 100min,pH 6.0

由图 4.12 可知,纤维素酶处理降低打浆能耗效果非常明显。在 PFI 磨磨浆转数分别为 12000r、16000r 和 20000r 时,对照纸浆的打浆度分别为 33.0°SR、36.0°SR 和 40.0°SR。经过纤维素酶处理后,纸浆最大可以降低打浆能耗 25%。纤维素酶用量为 25IU/g 浆为适宜用量,较高的酶用量不能进一步改善打浆性能,且增加了酶处理的成本。

木聚糖酶用量与能耗的关系如图 4.13 所示。

木聚糖酶处理降低打浆能耗的作用也很显著,在 PFI 磨磨浆转数分别为 12000r、16000r、20000r 时对照纸浆打浆度分别为 33.0°SR、36.0°SR 和 40.0°SR;而木聚糖酶处理的浆样在同样打浆度下对应的转数为 11000r、14000r 和 17500r 左右。在同为 40.0°SR 时,可降低 15% 的打浆能耗。

木聚糖酶用量变化对打浆能耗影响并不显著,打浆度为 30~40°SR 时,酶用量 25IU/g 浆相对于酶用量 20IU/g 浆的优势较明显,但继续提高酶用量则能耗改善效果并不显著,因此,木聚糖酶用量为 25IU/g 浆时能耗改善效果较优。

在相同的打浆度下,酶处理对纸浆成纸强度的影响见表 4.7,在打浆度都为 43°SR 时,经纤维素酶和木聚糖酶处理,在节约打浆能耗的同时,其成纸强度较对照纸浆稍有提高。

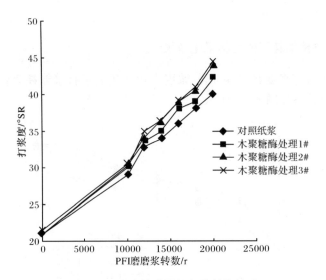

图 4.13　木聚糖酶用量与能耗的关系

1♯、2♯、3♯酶用量分别为 20IU/g 浆、25IU/g 浆、30IU/g 浆;温度 50℃、时间 100min、pH 6.0

表 4.7　对照纸浆及酶处理后纸浆磨浆后的成纸的性能指标

指标	处理方式		
	空白试验	纤维素酶	木聚糖酶
打浆度/°SR	43	43	43
紧度/(g/cm³)	0.35	0.32	0.33
耐折度/次	4	4	4
光散射系数/(m²/kg)	38.50	38.21	38.33
光吸收系数/(m²/kg)	0.46	0.46	0.45
裂断长/km	2.35	2.34	2.33
撕裂指数/[(mN·m²)/g]	2.18	2.24	2.20
耐破指数/[(kPa·m²)/g]	1.37	1.35	1.36

注:空白试验,两段磨浆,磨浆间隙分别为 0.5mm 和 0.25mm,打浆度 43°SR;纤维素酶处理两段磨浆,打浆度 43°SR,酶用量 25IU/g 浆,时间 100min,温度 50℃、pH 6.0;木聚糖酶处理两段磨浆,打浆度 43°SR、酶用量 25IU/g 浆,时间 100min、温度 50℃、pH 6.0。

4.2.2　相同打浆能耗下的生物帚化效果

在相同磨浆转数(20000r)作用下,酶处理可提高纸浆成纸的物理强度。从图 4.14 可以看出,酶处理后裂断长增加趋势明显,以纤维素酶处理更为显著,增加近 0.5km。

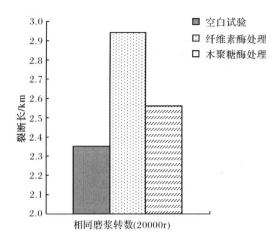

图 4.14　相同磨浆条件下的裂断长对比

时间 100min、pH 6.0、磨浆 20000r、温度 50℃、酶用量 25IU/g 浆

　　纸浆成纸撕裂指数结果如图 4.15 所示,纤维素酶和木聚糖酶处理都可明显增加撕裂指数,提高了 14% 左右,其中木聚糖酶处理效果较好。

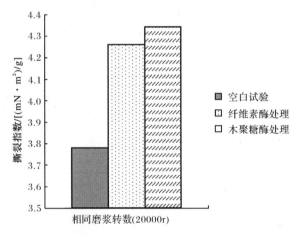

图 4.15　相同磨浆条件下的撕裂指数对比

时间 100min、pH 6.0、磨浆 20000r、温度 50℃、酶用量 25IU/g 浆

　　酶处理也可较明显增加耐破指数,如图 4.16 所示,纤维素酶处理较木聚糖酶处理稍有优势。

4.2.3　光学性能的影响

　　光学性能是纸浆的重要性能指标,如图 4.17 所示,在相同打浆度(45°SR)下,

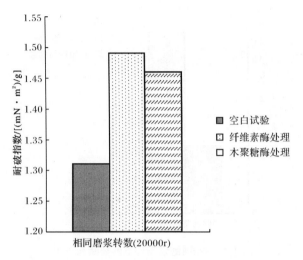

图 4.16　相同磨浆条件下的耐破强度对比

时间 100min、pH 6.0、磨浆 20000r、温度 50℃、酶用量 25IU/g 浆

木聚糖酶处理可以降解木聚糖,破坏 LCC 连接,有利于提高白度,白度可提高 1.0%ISO 以上;对于其他光学性能指标,经纤维素酶作用后,不透明度最高,约为 84.6%,高出对照纸浆近 2.0%,磨浆过程中出现了过多的细小纤维和纤维碎片,而纤维素酶处理可减少这些细小成分的数量,这可部分避免光的散射和反射的机会。

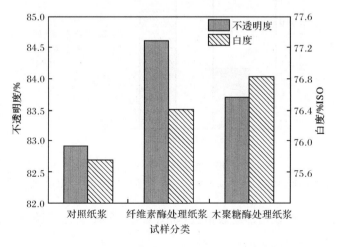

图 4.17　酶处理对纸浆不透明度和白度的影响

时间 100min、pH 6.0、打浆度 45°SR、温度 50℃、酶用量 25IU/g 浆

4.2.4　纤维特性分析

在相同的打浆度下,通过纤维质量分析仪对处理的 P-RC APMP 3 种纸浆进行分析(表 4.8),结果表明,经纤维素酶和木聚糖酶处理打浆后,纸浆的纤维数量平均长度(L_n)、纤维长度加权平均长度(L_w)及质量加权平均长度(L_{ww})都有所增加,细小纤维数量也要低于未经酶处理的对照纸浆。木聚糖酶处理后的纤维长度具有明显的优势,其长度加权和质量加权平均长度是 3 种纸浆中保留长度最高的,分别为 0.689mm 和 0.810mm。纤维素酶处理的纤维长度也高于对照纸浆。纸浆中的细小纤维具有较高的比表面积,会优先吸附酶制剂,生物酶可以降解并去除这些细小组分,提高整体纤维的平均长度。经酶处理的纤维长宽比和纤维扭结指数变大,细小组分数量含量都有减少趋势。未经酶处理的纤维初期都比较光滑、挺硬,不易吸水润胀。在机械作用下,打浆设备和纤维相互摩擦,由于承载了更多的摩擦,产生的碎片和膜状物更多,因此纤维平均长度也在下降。而经酶处理的原料润胀程度大,易于发生纤维位移、变形等分丝帚化效应,受到的切断作用较少,有利于保持纤维长度(孔凡功等,2013)。

表 4.8　酶处理后 P-RC APMP 纤维特性分析结果

试样	数量平均长度/mm	长度加权平均长度/mm	质量加权平均长度/mm	纤维宽度/μm	纤维扭结指数/mm	细小组分数量含量/%
对照纸浆	0.544	0.643	0.776	20.4	0.49	36.64
纤维素酶处理纸浆	0.596	0.687	0.806	20.5	0.53	32.29
木聚糖酶处理纸浆	0.586	0.689	0.81	20.2	0.54	33.17

注:对照纸浆,打浆度 44°SR、酶用量 0、时间 90min、温度 50℃、pH 6.5;纤维素酶处理两段磨浆,打浆度 44.0°SR,酶用量 25IU/g 浆、时间 90min、温度 50℃、pH 6.5;木聚糖酶处理两段磨浆,打浆度 44.0°SR,酶用量 25IU/g 浆、90min、50℃、pH 6.5。

4.2.5　扫描电镜分析

在相同磨浆转数下,将对照纸浆及酶处理纸浆使用浓度为 30%、50%、70%、100% 的乙醇分级脱水,然后冷冻干燥 48h,喷金后使用 QUANTA 200 型扫描电镜观察,加速电压为 10kV。

图 4.18 所示为对照纸浆,纤维完整,比较挺硬,无明显的空洞、裂痕且有细小纤维和碎片存在。图 4.19 所示为经过纤维素酶处理的纤维,表面凹陷、柔软、松弛,增加了比表面积,促进了纤维之间的结合,而纤维本身没有受到损伤;表面的

细小纤维减少,使纤维的平均长度增加。由以上两点可加强成纸后纤维的交织能力,提高成纸强度,这也可说明纤维素酶处理后成纸物理强度比较高的原因。图 4.20 显示木聚糖酶对纤维的处理比较温和,纤维表面也出现了分丝帚化现象,但仍有少许细小成分存在。

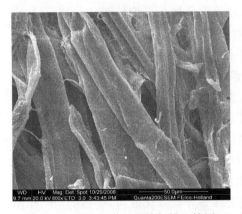

图 4.18　对照纸浆的环境扫描电镜图

图 4.19　纤维素酶处理纸浆的环境扫描电镜图

图 4.20　木聚糖酶处理纸浆的环境扫描电镜图

4.2.6　小结

(1) 木聚糖酶和纤维素酶处理可使纤维细胞壁变得疏松,降低纤维之间的黏结,从而使原料柔软松散,易于打浆,达到降低打浆能耗的效果。纤维素酶处理 P-RC APMP 可最多降低 25% 能耗,木聚糖酶处理可最多降低约 15% 能耗。相对于木聚糖酶,纤维素酶降低打浆能耗效果较为显著。

(2) 经纤维素酶处理后可以促进纤维的润胀和分丝帚化,具有更高的成纸质量。经纤维素酶处理裂断长可以增加近 0.5km,耐破指数可以提高 14%;在撕裂指数指标上,木聚糖酶处理优于纤维素酶处理,在适度打浆能耗下撕裂指数可上升 15%。

(3)在光学性能方面,木聚糖酶处理对白度改善比较大,在相同打浆度下,经纤维素酶处理的纸浆不透明度效果显著,高出对照纸浆 2%。

(4)对经酶处理的纸浆纤维特性进行分析,pH 为 6.5、打浆度为 44.0°SR 条件下,经纤维素酶处理的纤维保留长度最长,L_n、L_w 和 L_{ww} 分别为 0.596mm、0.687mm 和 0.806mm,细小组分数量含量为 32.29%。

(5)对照纸浆和酶处理过的纸浆通过扫描电镜观察,酶处理过的纸浆细小碎片减少,纤维变得柔软、松弛而有弹性。纤维表面有凹陷和沟痕,增大了比表面积。

4.3 BCTMP 的生物帚化

污白化学热磨机械制浆(BCTMP)始于 20 世纪 70 年代,在 80 年代末和 90 年代初有多个阔叶木 CTMP 工厂开始运行。BCTMP 在亚洲、欧洲和北美洲地区的复印纸、胶印纸等纸种生产厂家已使用多年,加入量一般为 5%~20%。目前,全球许多大型高速纸机的纸浆配比中至少含有 15%左右的 BCTMP。杨木 BCTMP 在被大量使用的同时,其打浆过程耗能过高的缺陷也暴露出来。BCTMP 含木素比较多,在打浆过程中很难润胀和分丝帚化。因此,通常需要较高的打浆能量先将 P 层和 S_1 层打碎破除,反之则难以获得合适的打浆度和理想的纤维形态。

研究了纤维素酶、木聚糖酶处理 BCTMP 的打浆效果,并对成纸质量和纤维形态作了分析,优化了处理条件。

4.3.1 酶处理时间的影响

纤维素酶和木聚糖酶处理时间对纸浆成纸物理强度的影响如图 4.21 和图 4.22 所示。纤维素酶和木聚糖酶在处理过程中,纤维素酶处理时间都控制在 100min 时,裂断长和耐破指数最高,木聚糖酶处理在 110min 时效果最佳。两种酶在 60min 以内时效果都不是特别明显,强度指标提高幅度较小。超过 120min 后,强度指标趋于平缓或有少许下降。

4.3.2 酶处理 pH 的影响

两种酶的 pH 有差异,苏珂汉纤维素酶在弱酸性,pH 为 6.5 时效果最好;而诺维信木聚糖酶在偏中性,即 pH 为 6.5~7.0 时活性最高。纤维素酶和木聚糖酶在不同 pH 下对物理强度的影响如图 4.23 和图 4.24 所示,可见体系 pH 的酶活性高时相应处理后纸浆成纸的物理强度也高。

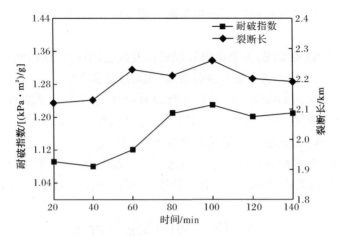

图 4.21 纤维素酶处理时间对纸浆成纸强度的影响

pH 6.0、磨浆 20000r、温度 50℃、酶用量 20IU/g 浆

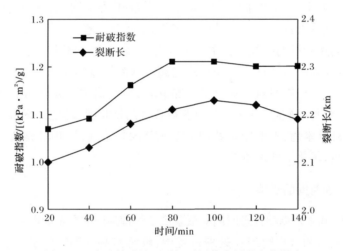

图 4.22 木聚糖酶处理时间对纸浆成纸强度的影响

pH 6.0、磨浆 20000r、温度 50℃、酶用量 20IU/g 浆

4.3.3 酶处理温度的影响

当纸浆和酶液充分混合、纸浆浓度为 10% 时,使其均匀加热,温度升高可以加快反应速率、缩短反应时间,但温度过高也会引起酶的失活。纤维素酶和木聚糖酶在 49℃ 左右时酶活最高,而超过 70℃ 后,酶活大大降低。由图 4.26 可知,在 50℃ 时裂断长和耐破指数值最高,木聚糖酶处理的较适宜温度为 50～55℃。

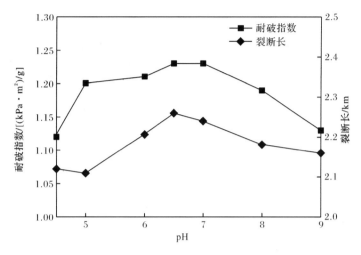

图 4.23　纤维素酶处理 pH 对纸浆成纸强度的影响
时间 100min、磨浆 20000r、温度 50℃、酶用量 20IU/g 浆

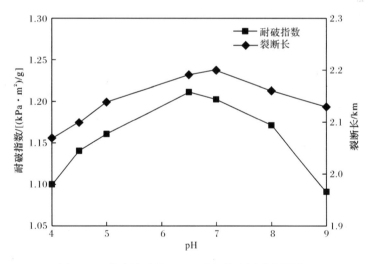

图 4.24　木聚糖酶处理 pH 对纸浆成纸强度的影响
时间 100min、磨浆 20000r、温度 50℃、酶用量 20IU/g 浆

在纤维素酶处理下,温度对纸浆成纸强度的影响如图 4.25 所示。

在木聚糖酶处理下,温度对纸浆成纸强度的影响如图 4.26 所示。

4.3.4　酶用量与打浆能耗的关系

为了获得较佳酶处理效果,酶用量需进行优化。纤维素酶处理的用量分别为

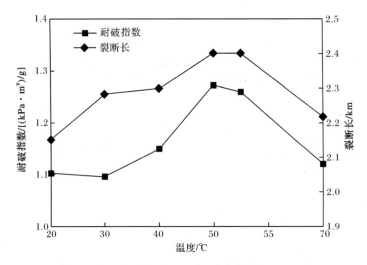

图 4.25　纤维素酶处理温度对纸浆成纸强度的影响
时间 100min、磨浆 20000r、pH 6.0、酶用量 20IU/g 浆

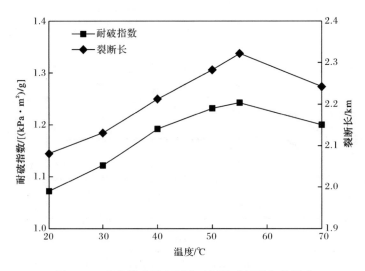

图 4.26　木聚糖酶处理温度对纸浆成纸强度的影响
时间 100min、磨浆 20000r、pH 6.0、酶用量 20IU/g 浆

0、15IU/g、20IU/g、25IU/g，木聚糖酶处理的用量为 0、20IU/g、25IU/g、30IU/g。
表 4.9 和表 4.10 分别为经纤维素酶和木聚糖酶处理不同磨浆转数下打浆度的变
化情况。

表 4.9 纤维素酶处理对打浆度的影响

磨浆转数/r	1#打浆度/°SR	2#打浆度/°SR	3#打浆度/°SR	4#打浆度/°SR
0	17.5	18.0	18.0	18.5
10000	24.5	25.5	26.0	26.0
12000	27.0	28.0	28.5	29.0
15000	30.0	32.0	34.0	34.5
20000	34.5	35.0	35.5	36.5
27000	38.0	39.5	42.5	43.0
32000	41.5	43.0	46.5	46.5

注:时间 100min、温度 50℃、pH 6,1#酶用量 0、2#酶用量 15IU/g 浆、3#酶用量 20IU/g 浆、4#酶用量 25IU/g 浆。

表 4.10 木聚糖酶处理对打浆度的影响

磨浆转数/r	1#打浆度/°SR	2#打浆度/°SR	3#打浆度/°SR	4#打浆度/°SR
0	17.5	18.0	18.0	18.5
10000	24.5	25.5	26.0	26.0
12000	27.0	28.0	28.5	29.0
15000	30.0	31.5	34.0	34.5
20000	34.5	35.0	35.0	35.5
27000	38.0	39.5	42.5	42.0
32000	41.5	42.0	43.5	43.5

注:时间 100min、温度 50℃、pH 6,1#酶用量 0、2#酶用量 15IU/g 浆、3#酶用量 25IU/g 浆、4#酶用量 30IU/g 浆。

打浆度变化可以间接表示打浆能耗变化。纤维素酶液用量与能耗的关系如图 4.27 所示。

由图 4.27 可知,与对照纸浆相比,打浆度约为 40°SR 时降低打浆能耗非常明显。2#处理的纤维素酶用量相对较少,打浆度没有较明显的增长,随着酶用量的增加,打浆度提高幅度在 3#和 4#处理表现明显。当对照纸浆打浆度在 34.5°SR 时磨浆转数为 20000r,而经纤维素酶处理的 3#和 4#处理在 15000r 下打浆度已经达到 34.5°SR 和 35.0°SR。对照纸浆 1#处理在 32000r 下打浆度为 41.5°SR,而 3#和 4#处理在 27000r 下打浆度已经超过该水平。由此可知,纤维素酶处理可降低 16% 的打浆能耗。

纤维素酶用量在 3#(20IU/g 浆)的处理过程是较合适的选择,2#处理在较少用量(15IU/g 浆)时促进打浆效果比较明显,而 4#用量(20IU/g 浆)效果不是很明显,考虑到纤维素酶的成本,纤维素酶用量为 20IU/g 浆是较佳选择。

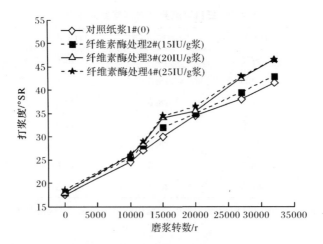

图 4.27　纤维素酶用量与打浆能耗的关系
时间 100min、温度 50℃、pH 6.5

木聚糖酶用量与打浆能耗的关系如图 4.28 所示。

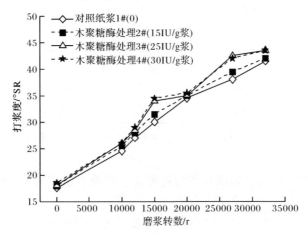

图 4.28　木聚糖酶用量与打浆能耗的关系
时间 110min、温度 55℃、pH 7.0

　　由图 4.28 可知,与对照纸浆相比,木聚糖酶对打浆能耗的影响也很明显。经过木聚糖酶处理,在相同磨浆转数下,打浆度随着木聚糖酶用量的增多而增大,2♯处理效果不显著。而 3♯和 4♯处理与对照纸浆相比,在 20000r 以上明显提高打浆度,当打浆度均为 42.0°SR 时,3♯和 4♯处理可节约 15.4%打浆能耗。

　　对于木聚糖酶处理,酶用量增大处理效果进一步改善,由于 2♯处理酶用量(15IU/g 浆)较小,相比对照纸浆打浆度提高较小,当酶用量增加到 25IU/g 浆时,随着磨浆转数的增加,打浆度提高明显,但4#处理的效果并不比3#处理的改善幅度大,当磨浆转数达到27000r以上的时候,两者的处理效果几乎相同。综合以上分析,木聚糖酶较适宜用量为25IU/g浆。

4.3.5　相同打浆能耗下酶处理对纸浆成纸强度的影响

对两种酶处理的BCTMP,探讨相同打浆能耗下酶处理对纸浆成纸物理强度的影响。

从表4.11可以看出,在相同的磨浆转数下,酶处理可以提高纸浆成纸的物理强度,经过酶处理后裂断长明显增大,以纤维素酶处理更为显著,可以增加近0.40km。两种酶处理后撕裂指数和耐破指数也均有提高。两种酶处理均有改善物理强度的作用,纤维素酶处理效果优于木聚糖酶处理的效果。酶处理可以促进内部细纤维化和剥离,纸浆成纸过程中纤维之间彼此结合更紧密,有利于提高物理强度。

表 4.11　对照纸浆及酶处理后纸浆打浆后的成纸性能指标

指标	处理方式		
	空白试验	纤维素酶	木聚糖酶
磨浆转数/r	32000	32000	32000
紧度/(g/cm³)	0.38	0.39	0.37
耐折度/次	2	3	3
白度/%ISO	71.5	72.4	73.4
光散射系数/(m²/kg)	35.5	34.01	33.11
不透明度/%	82.98	81.40	82.96
光吸收系数/(m²/kg)	0.45	0.42	0.39
裂断长/km	2.24	2.64	2.38
撕裂指数/[(mN·m²)/g]	1.44	1.45	1.46
耐破指数/[(kPa·m²)/g]	1.15	1.38	1.26

注:空白试验,磨浆32000r,酶用量0,时间100min、温度50℃、pH 6.5;纤维素酶处理两段磨浆,磨浆32000r,酶用量20IU/g浆、时间100min、温度50℃、pH 6.5;木聚糖酶处理两段磨浆,磨浆32000r,酶用量25IU/g浆、时间110min、温度55℃、pH 6.5。

4.3.6　酶处理对纸浆成纸光学性能的影响

BCTMP在磨浆润胀分丝帚化过程中,酶处理对纸浆白度和不透明度的影响如图4.29所示。在相同打浆度下,经过木聚糖酶处理后的白度效果优势明显,白度增加近2%ISO,木聚糖酶在处理过程中可以降解木聚糖,从而破坏LCC连接。

在纤维素酶处理过程中纸浆易于分丝帚化,减少了机械作用产生的细小纤维和碎片,因此具有更高的不透明度。

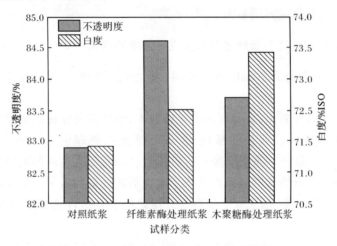

图 4.29　酶处理对纸浆不透明度和白度的影响
时间 100min、打浆度 45.0°SR、pH 6.0、温度 55℃、酶用量 20IU/g 浆

4.3.7　纤维特性分析

通过纤维质量分析仪对纤维特性进行了分析,见表 4.12。经纤维素酶和木聚糖酶处理打浆后,纤维数量平均长度(L_n)、纤维长度加权平均长度(L_w)及质量加权平均长度(L_{ww})都有所增加,而且细小纤维数量也低于未经过酶处理的对照纸浆。纸浆中的细小纤维具有较高的比表面积,会优先吸附酶制剂,纤维素酶可以降解并去除这些细小纤维,从而减少细小组分,提高了纸浆整体纤维的平均长度。纤维素酶处理效果较好,纸浆纤维数量平均长度、长度加权和质量加权平均长度分别为0.584mm、0.677mm 和 0.798mm。纤维素酶处理后的纤维长度、纤维长宽比及细小组分含量等性能参数都有利于提高纸浆成纸物理强度。

表 4.12　酶促打浆纸浆的纤维特性分析

试样	数量平均长度/mm	长度加权平均长度/mm	质量加权平均长度/mm	纤维宽度/μm	纤维扭结指数/mm	细小组分数量含量/%
对照纸浆	0.536	0.635	0.736	21.4	0.53	37.64
纤维素酶处理纸浆	0.584	0.677	0.798	20.2	0.64	32.69
木聚糖酶处理纸浆	0.565	0.658	0.783	20.6	0.59	35.37

注:对照纸浆,45.0°SR,酶用量 0、时间 100min、温度 55℃、pH 6.0;纤维素酶处理两段磨浆,45.0°SR、酶用量 20IU/g 浆、时间 100min、温度 55℃、pH 6.0;木聚糖酶处理两段磨浆,45.0°SR、酶用量 20IU/g 浆、时间 100min、温度 55℃、pH 6.0。

4.3.8 扫描电镜分析

为进一步了解经酶处理后的纤维形态,对相同磨浆转数下的三种浆样在扫描电镜下进行观察,如图 4.30～图 4.32 所示。

在1600 倍的扫描电镜下,三种纤维的形态差别较大。由图 4.30 可以看出,对照纸浆的纤维完整、比较挺硬,无明显断裂,但边缘含有细小组分及碎片。图 4.31 所示为经纤维素酶处理并经过打浆的纤维,与对照纸浆相比,细小组分明显减少,纤维表面凹陷、柔软、松弛,纤维本身没有被过分的降解、断裂,这增加了纤维的比表面积,促进了纤维的交织结合,提高了纸浆成纸强度。木聚糖酶的处理比较温和,如图 4.32 所示,纸浆纤维表面没有太多碎片和细小组分,纤维光滑、柔软,促进了纸浆成纸物理强度的提高。

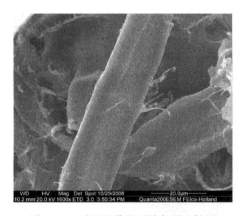
图 4.30 对照纸浆的环境扫描电镜图

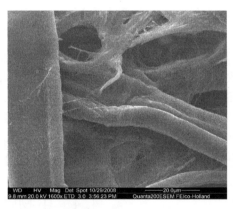
图 4.31 纤维素酶处理纸浆的环境扫描电镜图

图 4.32 木聚糖酶处理纸浆的环境扫描电镜图

4.3.9　小结

（1）优化了纤维素酶和木聚糖酶处理的时间，纤维素酶处理100min帚化效果较好，木聚糖酶在110min时纸浆成纸物理强度指标达到最高值，时间超过120min时强度不再发生明显变化。

（2）优化了纤维素酶和木聚糖酶处理的pH，当pH为6.5时，纤维素酶处理后纸浆成纸的裂断长和耐破指数最大，木聚糖酶处理的较佳pH为6.5～7.0。

（3）纤维素酶处理在50℃时裂断长和耐破指数最高，而木聚糖酶处理在55℃时裂断长和耐破指数最大，当温度高于65℃时，成纸强度呈下降趋势。

（4）纤维素酶和木聚糖酶处理显著降低了打浆能耗，尤其以纤维素酶效果更明显，纤维素酶用量为20IU/g浆时，降低打浆能耗约16.0%；木聚糖酶用量为25.0IU/g浆时，降低能耗15.4%。

（5）磨浆转数相同的情况下，经过纤维素酶和木聚糖酶处理的纸浆具有较高的成纸质量。生物酶处理可以提高抗张、撕裂和耐破等物理强度，纤维素酶处理效果优于木聚糖酶；在提高白度方面，木聚糖酶具有更好的效果，可以提高1.6%ISO，而纤维素酶更有利于提高不透明度。

（6）通过FQA和环境扫描电镜对酶处理后的纤维形态分析，经过酶处理纸浆纤维平均长度增加，细小组分减少，纤维表面凹陷、柔软、松弛，而纤维本身没有过分降解、断裂，比表面积增加，促进了纤维的黏结。

4.4　生物帚化生产试验

4.4.1　面巾纸和餐巾纸生物帚化的生产试验

在高得率浆的应用中，抗张拉力强度和松厚度是两个关键指标。目前，高得率浆的原料以阔叶材为主，其成纸松厚度较其他原料纸浆有明显优势。高得率浆的抗张拉力强度主要通过两个途径实现：一是通过加入碱来提高纸浆强度；二是通过磨浆实现纤维分丝帚化来提高。另外，不透明度和松厚度的关系密切，图4.33为典型商品BCTMP的不透明度与松厚度的关系。

酶作用于化机浆，在降低打浆能耗的情况下可提高不透明度，同时改善厚度和拉力（隋晓飞，2007）。拉力、厚度和不透明度是决定生活用纸的重要因素。利用改性纤维素酶降低餐巾纸生产过程中的打浆能耗及提高特种纸的紧度、匀度以实现生物帚化，并已进行中试试验。本试验是在生活用纸厂的生产过程中，采用纤维素酶处理混合纸浆，以改善纸张的厚度和拉力。利用日本BF10纸机，分析了酶处理后对生活用纸产品，如18g/m² 面巾纸、16g/m² 面巾纸、18g/m² 餐巾纸和16g/m²

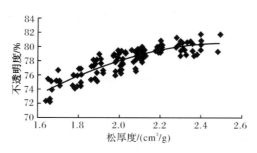

图 4.33　纸张松厚度与不透明度的关系

餐巾纸的厚度、柔软度和抗张拉力的改善及降低能耗情况。

纸浆为凯利蒲长纤维浆板,金鱼中长纤维浆板,雄狮长纤维浆板,鹦鹉中长纤维浆板,金叶、昆河短纤维浆板;酶制剂为上海巴克曼公司改性纤维素酶;湿强剂为天马亚马逊产品;柔软剂为峰达产品。

流程为纸浆碎浆池(加酶处理)→叩前浆池→高浓除渣→相川盘磨→疏解机→叩后浆池→成浆池→高位箱→冲浆泵→压力筛→流浆箱→圆网纸机。

采用手感式柔软度仪按《纸柔软度的测定法》(GB/T 8942—2002)测定。当板状测头将试样压入狭缝中一定深度(约 8mm)时,试样本身的抗弯曲力和试样与缝隙处摩擦力的最大矢量之和称为柔软度,单位为 mN,柔软度值越小,试样越柔软。试样按《纸浆、纸和纸板试样处理和试验的标准大气》(GB/T 10739—2002)进行温度、湿度处理。

产品预期要求。18g/m² 面巾纸质量参数预期要求见表 4.13。

表 4.13　18g/m² 面巾纸质量要求

变量	单 位	测试方法	目标值	控制下限	发放下限
定量	g/m²	GB/T 451.2—2005	18.0	17.7	17.5
厚度	mm	GB/T 451.3—2002	1.50	1.45	1.40
纵向抗张强度	mN	GB/T 453—2002	5300	4350	3850
横向抗张强度	mN	GB/T 453—2002	2300	1550	1350
纵向湿抗张强度	mN	GB/T 24328.4—2009	720	670	620
横向吸水高度	mm	GB/T 461.1—2002	—	—	40
柔软度	mN	GB/T 8942—2002	80	—	—
水分	%	GB/T 462—2008	6.5	6.0	5.0

16g/m² 面巾纸质量参数预期要求见表 4.14。

表 4.14　16g/m² 面巾纸质量要求

变量	单位	测试方法	目标值	控制下限	发放下限
定量	g/m²	GB/T 451.2—2005	16.0	15.7	15.5
厚度	mm	GB/T 451.3—2002	1.60	1.57	1.55
纵向抗张强度	mN	GB/T 453—2002	3000	2500	2300
横向抗张强度	mN	GB/T 453—2002	1400	1000	920
纵向湿抗张强度	mN	GB/T 24328.4—2009	510	480	450
横向吸水高度	mm	GB/T 461.1—2002	42	—	40
柔软度	mN	GB/T 8942—2002	60	55	45
水分	%	GB/T 462—2008	6.5	—	6.0

18g/m² 餐巾纸质量参数预期要求见表 4.15。

表 4.15　18g/m² 餐巾纸质量要求

变量	单位	测试方法	目标值	控制下限	发放下限
定量	g/m²	GB/T 451.2—2005	18.0	17.8	17.5
厚度	mm	GB/T 451.3—2002	1.35	1.31	1.28
纵向抗张强度	mN	GB/T 453—2002	4250	4100	3950
横向抗张强度	mN	GB/T 453—2002	1420	1370	1320
纵向湿抗张强度	mN	GB/T 24328.4—2009	900	850	800
横向吸水高度	mm	GB/T 461.1—2002	40	35	30
纵横平均柔软度	mN	GB/T 8942—2002	85	80	75
水分	%	GB/T 462—2008	6.5	6.0	5.0

16g/m² 餐巾纸质量参数预期要求见表 4.16。

表 4.16　16g/m² 餐巾纸质量要求

变量	单位	测试方法	目标值	控制下限	发放下限
定量	g/m²	GB/T 451.2—2005	16.0	15.8	15.5
厚度	mm	GB/T 451.3—2002	1.28	1.24	1.20
纵向抗张强度	mN	GB/T 453—2002	2360	2120	1980
横向抗张强度	mN	GB/T 453—2002	1050	920	790
纵向湿抗张强度	mN	GB/T 24328.4—2009	670	580	490
横向吸水高度	mm	GB/T 461.1—2002	38	—	35
纵横平均柔软度	mN	GB/T 8942—2002	75	65	60
水分	%	GB/T 462—2009	6.5	6.0	5.0

表 4.17 所示为 18g/m² 面巾纸加入纤维素酶后的效果比较。

表 4.17　18g/m² 面巾纸中试数据

参数	未加酶试验前	加酶时间(1月23日12:20至24日18:30)						
		12:20~14:10	15:10	16:05~17:05	18:00~20:40	21:35~2:41	3:20~4:20	5:20~6:30
打浆酶用量/(kg/t)	0	0.4	0.4	0.4	0.4	0.4	0.4	0.4
打浆功率/kW	130	130	120	110	100	90	100	90
打浆流量/(L/min)	54	54	54	54	54	54	54	54
拉力/mN　MD	4759	6314	6865	6328	5951	5690	4844	4601
拉力/mN　CD	2101	2589	2838	2904	2402	2249	2150	1819
厚度/mm	1.55	1.54	1.51	1.57	1.58	1.57	1.52	1.57
配比	凯利普(1包)+三A(2/3包)+金鱼(1包)+金叶(2/3包)	凯利普(1包)+三A(2/3包)+金鱼(1包)+金叶(2/3包)	凯利普(1包)+三A(2/3包)+金鱼(1包)+金叶(2/3包)	凯利普(1包)+三A(2/3包)+金鱼(1包)+金叶(2/3包)	凯利普(1包)+三A(2/3包)+金鱼(1包)+金叶(2/3包)	凯利普(1包)+三A(2/3包)+金鱼(1包)+金叶(2/3包)	凯利普(2/3包)+三A(2/3包)+金鱼[(1+1/3)包]+金叶(2/3包)	凯利普(2/3包)+三A(2/3包)+金鱼[(1+1/3)包]+金叶(2/3包)

注:18g/m² 面巾纸的中试在二车间 BF 纸机上试行,改性纤维素酶用量为 0.4kg/t,处理纸浆浓度为 4.0%~4.5%,磨浆机进口压力为 0.12MPa,出口压力为 0.32MPa,磨浆浓度为 3%~4%。

由图 4.34 可见,18g/m² 面巾纸在不加酶的情况下,功率为 130kW,纵向拉力和横向拉力分别为 4759mN 和 2101mN,而在同等功率经过酶处理后纵横向拉力有明显提高,且都明显高于目标值,厚度也明显提高;当功率降低到 120kW、115kW 和 100kW,甚至 90kW 时,拉力逐渐下降,但仍然维持在目标值范围之内,厚度略有下降。在预期目标值内,能耗明显降低,最大可降低 30.8%。由于打浆功率下降,下卷后的纸张柔软度效果更好,可改善 20mN 以上。考虑到纸种品质和能耗的综合因素,较佳功率值为 110kW,纵横向拉力和厚度均处于比较高的水平,而此时能耗可降低 15.4%。

——为 16g/m² 面巾纸加入纤维素酶前后的参数变化。

由图 4.35 可见,16g/m² 面巾纸在不加酶的情况下,功率为 180kW 时纵向拉力和横向拉力分别为 3137mN 和 1660mN。在同等功率经过酶处理后,纵横向拉力有明显提高,并且都明显高于目标值;厚度稍有降低,原因可能是经过酶处理后

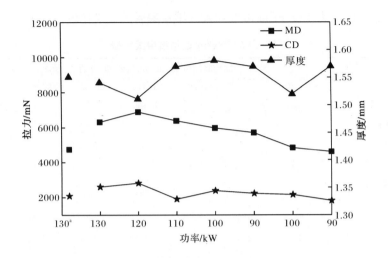

图 4.34　18g/m² 面巾纸在不同功率下的拉力和厚度

a 为未加酶条件下

表 4.18　16g/m² 面巾纸中试数据

参数	未加酶 试验前	加酶时间(1 月 25 日 17:15 至 27 日 15:00)						
		17:15～ 18:40	19:45～ 21:35	22:45	1:00～ 12:00	12:30～ 13:15	14:20～ 15:20	17:30～ 15:00
打浆酶用量 /(kg/t)	0	0.4	0.4	0.4	0.4	0.4	0.4	0.4
打浆功率/kW	180	180	160	155	145	150	145	140
打浆流量 /(L/min)	50	50	50	50	54	54	53	53
拉力　MD	3137	4252	3615	3394	3122	3386	3369	2993
/mN　CD	1660	1933	2080	1759	1444	1469	1562	1433
厚度/mm	1.55	1.54	1.50	1.58	1.60	1.56	1.59	1.57
配比	凯利普 (2/3包) ＋三A (1 包) ＋金鱼 [(1＋ 2/3)包]	凯利普 (2/3包) ＋三A (1 包) ＋金鱼 [(1＋ 2/3)包]	凯利普 (2/3包) ＋三A (1 包) ＋金鱼 [(1＋ 2/3)包]	凯利普 (2/3包) ＋三A (1 包) ＋金鱼 [(1＋ 2/3)包]	凯利普 (2/3包) ＋三A (2/3包) ＋金鱼 (2包)	凯利普 (2/3包) ＋三A (1/3包) ＋金鱼 [(2＋ 1/3)包]	凯利普 (2/3包) ＋三A (1/3包) ＋金鱼 [(2＋ 1/3)包]	凯利普 (2/3包) ＋三A (1/3包) ＋金鱼 [(2＋ 1/3)包]

注:16g/m² 面巾纸的中试在二车间 BF 纸机上试行,改性纤维素酶的用量为 0.4kg/t,处理纸浆浓度为 4.0%～4.5%;磨浆机进口压力为 0.12MPa,出口压力为 0.32MPa,磨浆浓度为 3%～4%。

打浆功率过高,纤维结合过于紧密。当功率降低到 160kW、150kW、145kW 和

140kW 时,拉力逐渐下降,但仍在目标值范围之内,相对于无酶处理情况厚度改善比较好。在预期目标值内,能耗降低也比较明显,最大可降低 22.2%,能耗的降低赋予纸张更好的柔软效果,下卷后柔软度降低 15mN 以上。考虑到纸种品质和能耗的综合因素,较佳功率为 150kW,纵横向拉力和厚度均处于比较高的数值,而此时能耗也可以降低 16.7%。

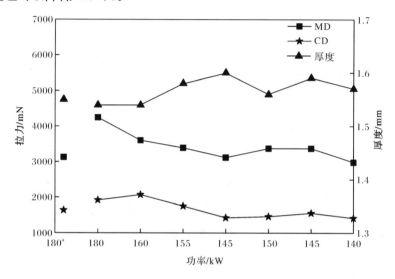

图 4.35　16g/m² 面巾纸不同功率下的拉力和厚度

a 为未加酶条件下

表 4.19 为 18g/m² 餐巾纸加入纤维素酶前后的参数变化。

表 4.19　18g/m² 餐巾纸中试数据

参数		未加酶试验前	加酶时间(1 月 30 日 12:00~13:00)	
			12:00	13:00
打浆酶用量/(kg/t)		0	0.4	0.4
打浆功率/kW		180	180	180
打浆流量/(L/min)		48	48	48
拉力/mN	MD	3642	3973	4587
	CD	1342	1427	1373
厚度/mm		1.26	1.28	1.38
配比		40%雄狮[(1+1/2)包]+28%三A(1 包)+16%鹦鹉(1/2 包)+16%金叶(1/2 包)	40%雄狮[(1+1/2)包]+28%三A(1 包)+16%鹦鹉(1/2 包)+16%金叶(1/2 包)	40%雄狮[(1+1/2)包]+28%三A(1 包)+16%鹦鹉(1/2 包)+16%金叶(1/2 包)

注:18g/m² 餐巾纸的中试在二车间 BF 纸机上试行,纤维素酶用量为 0.4kg/t,处理纸浆浓度为4.0%~4.5%;磨浆机进口压力为 0.12MPa,出口压力为 0.32MPa,磨浆浓度为 3%~4%。

由图 4.36 可知,在相同的打浆功率下,18g/m² 餐巾纸的纵向拉力经纤维素酶处理后明显增大。无酶处理时纵向拉力为 3642mN,在酶处理 1h 和 2h 后纵向拉力分别为 3973mN 和 4587mN。横向拉力在相同功率下没有明显变化。厚度是生活用纸的重要衡量指标,不仅对手感影响很大,而且对成品包装的饱满度起决定作用,在该产品的中试中厚度可显著增大,最大可增加 0.1mm。

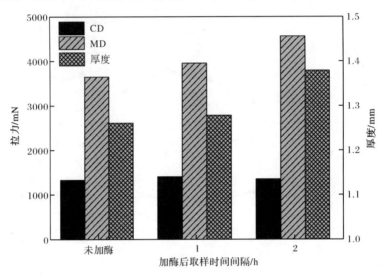

图 4.36　18g/m² 餐巾纸酶处理后不同取样时间间隔下的拉力和厚度

180kW 功率下

16g/m² 餐巾纸加入纤维素酶后的变化见表 4.20。

表 4.20　16g/m² 餐巾纸中试数据

参数		未加酶试验前	加酶时间(1 月 30 日 15:00~22:00)						
			15:00	16:00	17:00	19:00	20:00	21:00	22:00
打浆酶用量/(kg/t)		0	0.4	0.4	0.4	0.4	0.4	0.4	0.4
打浆功率/kW		180	180	180	180	180	180	180	180
打浆流量/(L/min)		48	48	48	48	48	48	48	48
拉力/mN	MD	2550	2635	2559	2671	3018	2822	3138	3076
	CD	1058	1062	1406	1193	1077	1341	1478	1136
厚度/mm		1.31	1.32	1.35	1.35	1.33	1.35	1.32	1.33

续表

参数	未加酶试验前	加酶时间(1月30日15:00~22:00)						
		15:00	16:00	17:00	19:00	20:00	21:00	22:00
配比	40%雄狮[(1+1/2)包]+28%三A(1包)+16%鹦鹉(1/2包)+16%金叶(1/2包)	40%雄狮[(1+1/2)包]+28%三A(1包)+16%鹦鹉(1/2包)+16%金叶(1/2包)	40%雄狮[(1+1/2)包]+28%三A(1包)+16%鹦鹉(1/2包)+16%金叶(1/2包)	40%雄狮[(1+1/2)包]+28%三A(1包)+16%鹦鹉(1/2包)+16%金叶(1/2包)	40%雄狮[(1+1/2)包]+28%三A(1包)+16%鹦鹉(1/2包)+16%金叶(1/2包)	40%雄狮[(1+1/2)包]+28%三A(1包)+16%鹦鹉(1/2包)+16%金叶(1/2包)	40%雄狮[(1+1/2)包]+28%三A(1包)+16%鹦鹉(1/2包)+16%金叶(1/2包)	40%雄狮[(1+1/2)包]+28%三A(1包)+16%鹦鹉(1/2包)+16%金叶(1/2包)

注:$16g/m^2$餐巾纸的中试在二车间 BF 纸机上试行,纤维素酶用量为 0.4kg/t,处理纸浆浓度为 4.0%~4.5%;磨浆机进口压力为 0.12MPa,出口压力为 0.32MPa,磨浆浓度为 3%~4%,功率为 180kW。

生产过程中纸幅波动比较大,在 $16g/m^2$ 餐巾纸的生产过程中,采集了 8 个纸样进行检测。从图 4.37 可以看出,餐巾纸的纵向拉力也呈增长趋势,增长幅度为 100~600mN,横向拉力最大可增加 40% 左右。在功率不变的情况下,厚度仍然维持较大增幅。在满足拉力目标值范围内,功率降低的情况下其厚度指标会有更好的效果。

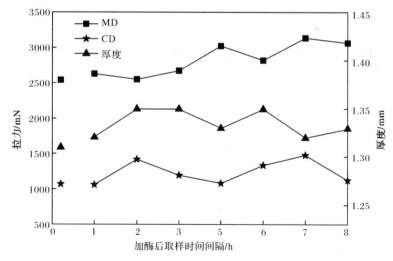

图 4.37　$16g/m^2$餐巾纸在酶处理后不同取样时间间隔下的成纸情况

4.4.2　小结

通过生产试验可以发现,生物帚化的有益效应有以下几种。

(1) 抗张拉力提高。加入巴克曼纤维素酶后,没有降低功率的情况拉力有较大的提高,即 18g/m² 面巾纸 MD 增长 32.68%、CD 增长 23.29%;16g/m² 面巾纸 MD 增长 35.59%、CD 增长 16.45%;18g/m² 餐巾纸 MD 增长 17.52%、CD 增长 4.5%。

(2) 能耗降低。加入纤维素酶后,拉力有明显提高,为降低能耗提供了很大的空间。在保持良好、稳定的强度前提下打浆功率均有明显降低,18g/m² 面巾纸降低了 40kW(130~90kW);16g/m² 面巾纸降低了 40kW(180~140kW)。

(3) 厚度提高。由于加入打浆酶能够保持很好的拉力,通过降低打浆功率可降低对纤维的机械作用,厚度得到了提升,18g/m² 面巾纸厚度从 1.550mm 提升到 1.552mm;16g/m² 面巾纸厚度从 1.550mm 提升到 1.563mm;18g/m² 餐巾纸厚度从 1.263mm 提升到 1.330mm。

(4) 长纤配比降低。长纤配比可减少 10%,在长短纤维价格差异较大时,其成本效果优势更为显著,而且在提高短纤机械浆的同时还有助于厚度和柔软度的提高。

(5) 其他优势。减少打浆进刀加压,相应降低盘磨磨片的损耗,延长磨片使用寿命。因减少打浆,纤维碎片化与细纤维化减少,可改善纤维在网部的架桥留着,降低网下白水浓度,也可在一定程度上减少白水回收固形物的负荷,且使回收纤维配比减少,更有利于改善抄造。此外,酶的应用安全方便,无负面影响。

参 考 文 献

陈嘉川,杨桂花,胡长青,等.2013.国产高得率浆的精制纯化与应用实践.中华纸业,34(14):6-9.

姜云,张升友.2007.利用生物酶降低磨浆能耗.国际造纸,26(3):35-37.

孔凡功,邵学军,杨桂花,等.2013.木聚糖酶/纤维素酶对速生杨木 P-RC APMP 浆的修饰研究.造纸科学与技术,32(4):64-68.

隋晓飞.2007.制浆工艺生物技术的研究和进展.天津造纸,29(4):19-24.

谢来苏,詹怀宇.2001.制浆原理与工程.2版.北京:中国轻工业出版社.

周亚军,张栋基,李甘霖.2005.漂白高得率化学机械浆综述.中国造纸,24(5):53-56.

Nagarajan R. 1996. Evaluation of drainage improvement by enzyme-polymer treatment//1996 Papermakers Conference,Philadephia:477-482.

Park J M. 1998. Deinking of used paper by modified cellulase with polymer. Biotechnology and Bioengineering,15(5):593-598.

第5章　湿部生物调控

由纤维素酶和半纤维素酶等酶组分组成的酶系加入纸浆体系中可以提高纸浆的滤水性能和抄造性能,显著改善纸浆和成纸的质量,这种酶可以在一定程度上替代化学助剂对天然纤维的改性作用,实现助留、助滤和增强等作用(董毅,2009)。

本章讨论了酶对高得率浆的改性作用,优化了以最佳打浆度降值为主要目标的酶处理条件,在此基础上进一步讨论了酶调控对纸浆的助滤、助留和增强作用。利用 Zeta 电位测定仪、FQA、X 射线衍射、ESEM 等分析检测手段对酶调控前后纤维质量性能和表面特性进行了分析。

5.1　纤维素酶湿部调控

本节研究了纤维素酶对 APMP 的调控作用,通过对比酶处理前后 APMP 的打浆度、动态滤水时间、Zeta 电位、细小纤维含量、细小组分留着率和成纸物理强度等性能评价指标的变化,明确了纤维素酶处理对 APMP 的助滤、助留和增强作用,筛选酶处理最优条件,并通过 FQA、X 射线衍射和环境扫描电镜等分析检测设备和手段探讨酶处理对纸浆纤维质量和表面特性的影响。

原料。APMP,取自山东某纸厂;纤维素酶,苏柯汉(维坊)生物工程有限公司提供,酶活 10000IU/g;阳离子聚丙烯酰胺,Percol 292,汽巴精化有限公司,相对分子质量 800 万;滑石粉,济南月华科技开发有限公司,粒度 325 目;AKD,取自济南某纸厂,固体含量 15%;阳离子淀粉,取自山东滨州某纸厂,取代度>0.035。

酶处理。取绝干质量为 15g 的待处理纸浆,装入玻璃烧杯中,加水至要求的浓度,调节至指定的 pH,放入恒温水浴锅中,边搅拌边升至规定的温度后,加入一定剂量的酶液并混合均匀,到规定的反应时间后,将浆样取出,立刻测量打浆度。分别变更酶用量、纸浆浓度、初始 pH、处理温度和处理时间。另取一份未经酶处理的纸浆作对照纸浆。

动态滤水时间。影响纸浆滤水性能的因素较复杂,如网上纸浆的压头、有效抽吸压头、纸页定量、纸浆浓度、打浆方式、纤维长宽比、纤维帚化程度、细小纤维的分布情况、浆层的湿压缩性能、纸浆在网上的温度、造纸网的结构和添加剂等,都会对网上的脱水造成一定的影响(谢来苏等,1990)。因打浆度是在标准条件下测定的,而该条件与纸机湿部实际脱水情况相差甚远,对纸浆处理过程来说,它可能是一个重要的指标,但对纸机网部滤水性能来说,它并不能反映实际的滤水行为。在纸浆滤水性能研究发展过程中,一些滤水测定仪相继出现,其中较有代表性的为动态滤水测定仪。陈海峰等(2002)提出用滤水曲线评价纸浆的滤水性能,并测定脱墨浆在不同状态下的滤水曲线。

在动态滤水过程中观察到纸浆的脱水分为三个阶段:过滤初期阶段、稳定过滤阶段和挤压脱水阶段。在过滤初期阶段,纤维沉积层空隙很大,细小组分基本流失,滤水速率随着纤维沉积层的增加急剧减小。此阶段形成的纤维沉积层可压缩性可以忽略,认为是不可压缩过滤(朱勇强等,1995)。当纤维沉积层厚度达到临界值后,脱水过程进入稳定过滤阶段。在该阶段,纤维逐层沉积在纤维滤饼上,形成层状组织结构,细小组分留着率随滤饼厚度增加而变大,并达到最大值。各层纤维受到其上层的压力,浓度逐渐增大,并达到一定值,该值的大小一般由纸浆种类和压力确定。当所有纸浆浓度都达到此定值时,过滤脱水过程结束。进一步脱水浓缩,就进入浆层挤压(压榨)脱水阶段(李坤兰等,1999)。在压力作用下,浆层中的水分被挤出,纸浆滤饼厚度减小。纸浆的最终浓度和脱水速率主要取决于浆种和压力。影响纸浆滤水性的其他因素很多,如纸浆的温度、过滤介质、纸浆浓度、脱水方法及设备等,但其最终影响结果均表现在滤液通过浆层速率的变化上。

对脱墨浆滤水曲线的测定发现,在沉积浆层厚度达到临界值之前,滤水曲线基本呈直线关系;提高压力和浓度,可以缩短浆层到达临界厚度的时间,但会对后续滤水产生不良影响(邹军等,2008)。沉积浆层超过临界厚度,随着浆层厚度的增加和压缩引起的孔隙率的减小,滤水阻力迅速增加,滤水速率很快减小;在该阶段,过分增大压力不利于滤水性的提高。在浆层挤压脱水阶段,提高压力滤水速率增加。

取相当于 30g 绝干浆量的浆样,加水稀释至纸浆浓度 1.5%,在纤维标准解离器中疏解 30000r 后,加水稀释至纸浆浓度为 0.5%,量取 500mL,倒入 DDJ 型动态滤水仪有机玻璃筒中,调节搅拌速率至 1400r/min,待转数稳定后搅拌 6s,进行动态滤水的测定。每次记录最初流出的 100mL、200mL 和 300mL 滤液的时间,分别记为 t_1、t_2 和 t_3。

纸浆 Zeta 电位。取 400mL 浓度为 0.5% 的纸浆,调节至(25±1)℃,搅拌均匀,用 SZP04 型流动电位法 Zeta 电位仪测定。

纸浆细小纤维含量。取 100mL 浓度为 0.5% 的纸浆,稀释至 500mL,加到 DDJ 型动态滤水仪有机玻璃筒中,调节搅拌速率至 1400r/min 进行动态滤水,完成一次后再加入 500mL 稀释水重复滤水,直到得到澄清的滤液为止,一般需要稀释水 4~6L。将留在滤网上的长纤维全部转移到已恒重的滤纸上,放入烘箱内烘干至恒重,常温下称重。纸浆细小纤维含量的计算公式为

$$F = \frac{AC - B}{AC} \times 100\%$$

式中,F 为细小纤维含量(能通过 200 目滤网的组分),%;A 为试样的质量,g;B 为长纤维的质量,g;C 为浆样的浓度,g/g。

细小组分留着率。取相当于 30g 绝干浆量的浆样,加水稀释至纸浆浓度为 1.5%,在纤维标准解离器中疏解 30000r,加入 20% 的滑石粉,加水稀释至浓度为 0.4%。取 500mL 浓度为 0.4% 的纸浆,加入到 DDJ 型动态滤水仪有机玻璃筒中,调节搅拌速率至 1400r/min,稳定搅拌 60s 后加入阳离子聚丙烯酰胺溶液,60s 后进行动态滤水,收集最初的 100mL 滤液,用布氏漏斗过滤到已恒重的滤纸上,放入烘箱内烘干至恒重。细小组分留着率的计算公式为

$$R = \frac{T - WV/U}{T} \times 100\%$$

式中,R 为细小组分留着率(对整个细小组分含量的留着率),%;T 为浆样中总的细小组分含量,g;U 为滤液的质量,g;V 为试样的质量,g;W 为滤纸上细小组分的质量,g。

AKD 中性施胶。取相当于 30g 绝干浆量的浆样,加水稀释至纸浆浓度 1.5%,在纤维标准解离器中疏解 30000r 后,加入 20% 的滑石粉,加水稀释至浓度为 0.6%。取 315mL 上述纸浆,在 500r/min 搅拌速率下加入阳离子淀粉溶液 1.0%(对绝干浆量),搅拌 60s,加入适量烷基烯酮二聚体(alkyl ketene dimer,AKD)乳液,搅拌 30s 后加入阳离子聚丙烯酰胺溶液 300ppm[①](对绝干浆量),搅拌 30s 后抄造纸样。抄造好的纸样密封在塑料袋中放置一周,待施胶熟成后,按照《纸 施胶度的测定》(GB/T 460-2008),用液体渗透法测定。

纤维质量分析。准确称取相当于 0.1g 绝干浆量(准确至 0.1mg)的浆样,加水分散均匀并稀释至 1000mL,准确量取上述纤维悬浮液 100mL 稀释至 1000mL,从中均匀取出 100mL 作为测试浆样,使用加拿大 OpTest 公司 FQA 纤维质量分析仪,按照 ISO 16065 测定纤维的长度、宽度和细小纤维含量等纤维特性指标。

X 射线衍射分析。将纸浆脱水、冻干 48h 后压片,使用德国 Bruker AXS 公司 D8 型 X 射线衍射仪测定,试验条件为管压 30kV、管流 20mA、Cu 靶,利用面积法计算结晶度(X_C),计算公式为

$$X_C = \frac{F_K}{F_K + F_A} \times 100$$

式中,F_K 为晶区面积;F_A 为无定形区面积。

环境扫描电镜分析。将纸浆脱水、冻干 48h 后,喷金,使用荷兰 Quanta 200 型扫描电镜观察试样,加速电压为 10kV。

———————————

① 1ppm=1×10^{-6},下同。

5.1.1　纤维素酶的助滤作用

纤维素酶处理后,APMP 的滤水性能得到改善,纸浆打浆度下降,动态滤水时间减少(吴芹等,2010)。酶处理效果受酶用量、纸浆浓度、初始 pH、处理温度和处理时间的影响。为获取最佳助滤效果,对以上参数进行讨论以确定较优酶处理条件。

1. 酶用量的影响

酶用量是酶处理效果的重要影响因素,酶用量的改变将引起助滤效果的较明显变化,是需要慎重选择的参数。纤维素酶用量对 APMP 滤水性能的影响如图 5.1 所示。

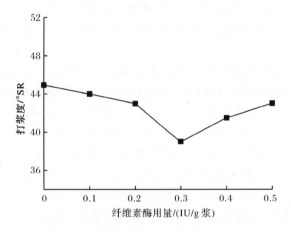

图 5.1　纤维素酶用量对 APMP 滤水性能的影响
对照纸浆打浆度 45.5°SR,纸浆浓度 1.0%、初始 pH 4.5、温度 45℃、时间 60min

由图 5.1 可以看出,纤维素酶处理可以改善 APMP 的滤水性能。随着酶用量的增加,纸浆打浆度先下降后上升,纸浆滤水性能的改善先增加后降低,较佳的酶助滤效果是酶用量为 0.3IU/g 浆,此时 APMP 的打浆度数值下降为39.0°SR,比对照纸浆降低了 6.5°SR,降低比例达 14%。

不加纤维素酶的纸浆,其打浆度为 45.0°SR,比未经任何处理的对照纸浆的打浆度 45.5°SR 下降了 0.5°SR。可能原因是在进行纤维素酶处理的过程中,纸浆处于 pH 4.5 的弱酸性条件下,纤维表面的部分 COO^- 与 H^+ 结合成为 COOH,降低了纸浆表面的阴离子浓度。同时,机械搅拌和热处理使纸浆的潜态性得到改善,因而使纸浆滤水性能略有提高。

加入纤维素酶后,原本游离絮聚在长纤维上的部分细小纤维,因其较大的比表面积会优先与加入的酶结合,形成酶-底物的复合体,并随之发生酶解,使纸浆中细小组分含量降低,改善了纸浆的滤水性能,纸浆的打浆度降低。

随着纤维素酶用量的增加,酶在纸浆中的浓度增加,更利于酶与底物的相互结合,促进酶解反应的进行,加速细小纤维的降解和细小纤维含量的降低,进一步增加对 APMP 滤水性能的改善,表现为打浆度的显著下降。当酶用量为 0.3IU/g 浆时,浆中优先与酶结合并发生酶解的细小纤维组分被酶所饱和,达到饱和状态,酶处理效果达到最优,纸浆滤水性能改善效果最佳,此时打浆度由对照纸浆的 45.5°SR 下降到 39.0°SR,打浆度出现最大下降值,相对于对照纸浆打浆度下降了 6.5°SR。当酶用量超过 0.3IU/g 浆时,酶对 APMP 滤水性能的改善效果下降,可能原因是一方面超出纸浆中原本的细小组分结合能力的酶将结合在浆中的长纤维组分上,并使长纤维表面非结晶区发生酶解反应,从长纤维表面剥离下细小纤维,从而使纸浆中的细小组分再次增加,使原本得到改善的滤水性能再次变差,打浆度回升;另一方面,纸浆中新产生的细小组分再与酶结合发生酶解,从而使细小组分含量再次降低,滤水性能再次得到改善。以上两种情况共同作用的结果,可能使纸浆在酶用量超过 0.3IU/g 浆时,再次产生游离的细小纤维,使浆中细小纤维含量较之酶用量为 0.3IU/g 浆时的细小纤维含量增大,并在酶用量增加到 0.5IU/g 浆时长纤维的"剥皮效应"和细小纤维的酶解作用达到平衡。此时,细小组分含量趋于稳定,表现为打浆度稳定在 43.0°SR。

2. 纸浆浓度的影响

酶处理时纸浆浓度也是影响处理效果的重要因素,较低纸浆浓度有利于酶在纸浆中的均匀分散,使酶与底物作用的选择性较高;但酶浓度相对较低,酶处理效果较差。较高的纸浆浓度增加了酶在浆中的浓度,有利于酶与底物的结合,使酶解反应速率和程度增加,并且有利于降低能耗;但纸浆浓度过高,则不利于酶与底物的均匀混合,使酶作用的选择性变差,反而降低了酶对纸浆的助滤作用。图 5.2 为纸浆浓度对 APMP 滤水性能的影响。

从图 5.2 可以看出,随纸浆浓度的增加,酶对 APMP 滤水性能的改善作用先增加后减少,低纸浆浓度时酶处理的效果明显优于较高纸浆浓度时的效果,纸浆浓度为 1.0% 时有较佳的酶助滤作用,相对于对照原浆 45.5°SR 的打浆度,酶处理纸浆打浆度为 39.0°SR,下降了 6.5°SR。随着纸浆浓度的增加,酶处理对 APMP 滤水性能的改善作用下降,并在纸浆浓度达到 2.0% 时,打浆度上升到 43.0°SR,再增加纸浆浓度,滤水性能不再变化。

纸浆浓度显著影响着酶处理的效果,随着纸浆浓度的提高,纸浆中底物浓度和酶浓度均增加,增加了细小组分与酶接触的概率,有利于底物和酶的结合,使酶处理反应加快。细小纤维酶解作用加强,细小纤维含量下降较快,酶处理对 APMP 滤水性能的改善效果明显,打浆度下降较快,并在纸浆浓度为 1.0% 时取得

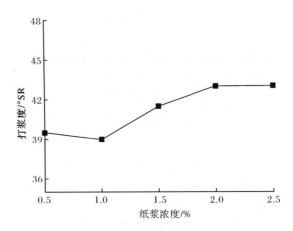

图 5.2　纸浆浓度对 APMP 滤水性能的影响

酶用量 0.3IU/g 浆、初始 pH 4.5、温度 45℃、时间 60min

较优效果。当纸浆浓度超过 1.0％时,酶处理效果出现较大幅度的减弱,可能受到两个方面作用的综合影响:一是随着纸浆浓度的增加,酶与纸浆的混合情况变差,不利于细小组分与酶的有效结合,使部分区域酶含量难以达到饱和,不利于细小组分的酶解,与混合均匀的酶处理相比,细小组分未充分降解,使细小组分含量下降幅度低,滤水性能的改善效果稍差;二是随着纸浆浓度的增加,不能均匀分布的酶组分使纸浆存在局部过饱和的情况,过饱和的酶使此部分纸浆的长纤维剥离出新的细小组分。两种作用综合结果使得在纸浆浓度超过 1.0％后酶处理效果发生较大下降,浆中再次产生较多细小组分,从而导致滤水性能的下降。

3. 初始 pH 的影响

酶作为一种蛋白质,其催化作用的活性受 pH 影响。酶对纸浆滤水性能的改善作用存在较佳的 pH 范围,在此范围内,酶催化能力较强,对纸浆的助滤作用较好。纤维素酶对 APMP 的助滤作用与初始 pH 的关系如图 5.3 所示。

由图 5.3 可以看出,纤维素酶处理 APMP 改善其滤水性能的较佳 pH 为 4.0～4.5,在此范围内,酶对 APMP 的助滤效果最好,酶处理对纸浆滤水性能改善作用较强,打浆度有较大的下降值,从对照纸浆的 45.5°SR 下降为酶处理后的 39.0°SR,下降了 6.5°SR。低于或高于此 pH 范围,酶的助滤效果都会有一定程度的降低,而且高 pH 时的助滤效果低于较低 pH 时的助滤效果,偏离较佳 pH 范围越大,酶的助滤效果越差。

在酶的较佳作用范围内,纤维素酶所表现出的酶活性最大,能对纸浆中的细小组分产生最大程度的酶解作用,减少细小组分的含量,因而使纸浆滤水性能得到较大程度的改善。pH 低于或高于较佳范围时,纤维素酶中起催化作用的残基

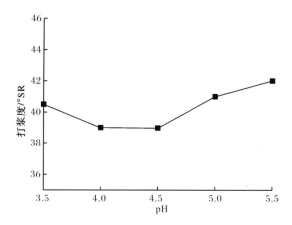

图 5.3 初始 pH 对 APMP 滤水性能的影响

酶用量 0.3IU/g 浆、纸浆浓度 1.0%、温度 45℃、时间 60min

将产生一定程度的变性,使催化作用残基的催化活性降低,因而引起纤维素酶酶解作用的失活,而使酶处理效果变差,而且 pH 偏离越多,酶解作用的失活程度越高,酶处理的效果也就越差。

4. 酶处理温度的影响

酶处理温度对 APMP 滤水性能的影响如图 5.4 所示。

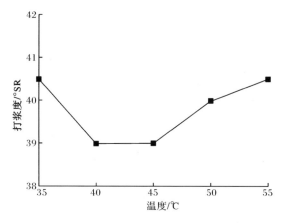

图 5.4 纤维素酶处理温度对 APMP 滤水性能的影响

酶用量 0.3IU/g 浆、纸浆浓度 1.0%、初始 pH 4.5、时间 60min

从图 5.4 所示的打浆度变化曲线中可以看出,纤维素酶对 APMP 助滤作用的较适宜温度为 40～45℃,在此温度范围内纤维素酶改善 APMP 滤水性能的反应活性最大,酶的助滤效果较佳,打浆度降到最低(39.0°SR),相对于对照纸浆打浆度下降了 6.5°SR,酶处理效果明显。与初始 pH 对酶活力的影响类似,低于或高于适宜处理温度时,酶对 APMP 的处理效果均降低,且偏离此范围越多,酶助滤效果越差。

当温度低于适宜反应温度时,酶起催化作用的残基未受到热变性作用,酶的催化活力未受影响,但此时酶的反应速率较低,使酶处理对 APMP 滤水性能的改善作用增加缓慢,未达到较佳的助滤效果。当温度高于较适宜反应温度时,虽然温度的升高给予了反应物分子较多的动能,使酶与底物单位时间的有效接触增加,但酶分子中部分起催化作用的残基产生热变性,降低了酶催化的活力,从而导致酶对纸浆滤水性能改善作用的减小,无法达到最佳的助滤效果。

5. 酶处理时间的影响

酶处理时间对 APMP 滤水性能的影响如图 5.5 所示。

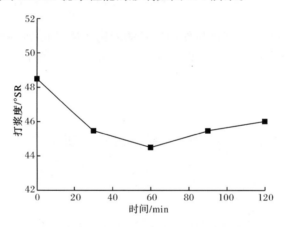

图 5.5　纤维素酶处理时间对 APMP 滤水性能的影响
酶用量 0.3IU/g 浆、纸浆浓度 1.0%、初始 pH 4.5、温度 45℃

由图 5.5 可以看出,随着酶处理时间的延长,酶助滤的效果先增加后减小,表现为纸浆的打浆度先降低后升高。酶处理前期,随着处理时间的增加,酶作用效果增加,处理 30min 时纸浆打浆度由 48.5°SR 下降到 45.5°SR,下降了 3.0°SR;继续延长处理时间,纸浆滤水性能持续改善,处理 60min 时打浆度降至 44.5°SR,比对照纸浆下降了 4.0°SR,比处理 30min 时降低了 1.0°SR,此时取得较佳的助滤效果;继续延长处理时间,酶对纸浆滤水性能的改善作用反而降低。

酶解反应需要时间,随着处理时间的延长,酶对底物的作用将加深,加强了酶处理的作用效果。在前 60min,随着时间的延长,纤维素酶优先作用于细小纤维,使纸浆中原本存在的细小纤维不断降解,直至这部分细小纤维的含量达到最低;同时,虽然存在少量的长纤维剥皮现象,但新产生的细小纤维含量较低,酶处理效果主要是降低细小纤维含量,使纸浆滤水性能得到改善。随着时间延长,酶解反应程度加深,纸浆中原本存在的细小纤维含量较低,不利于继续酶解作用,加之酶解作用代谢产物的积累,使纸浆中原本的细小纤维酶解作用降低到很微弱的程度;而随着酶处理时间的延长,长纤维表面的剥皮效应继续加深,纸浆中新产生的细小纤维含量增加,长纤维本身降解加剧,酶处理的加深对纸浆性能的削弱作用体现得更加明显,纸浆滤水性能开始变差。

综上所述,纤维素酶处理对 APMP 滤水性能产生改善作用,酶处理取得较佳助滤效果的处理条件为:纤维素酶用量 0.3IU/g 浆,纸浆浓度 1.0%,初始 pH 4.0～5.0,酶处理温度 40～45℃,酶处理时间 60min。经过较佳条件下纤维素酶处理后,APMP 打浆度由 48.5°SR 下降到 44.5°SR,显著地改善了纸浆的滤水性能。

6. 酶处理对动态滤水时间的影响

动态滤水装置可以在相对较低的纸浆浓度下评价纸浆在湍动水力条件下的动态滤水性能,这与纸浆在纸机上的脱水条件相似,而且简便易行。纤维素酶处理对 APMP 动态滤水性能的影响如图 5.6 所示。

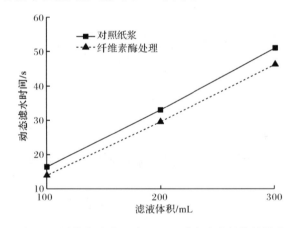

图 5.6　纤维素酶处理对 APMP 动态滤水性能的影响
酶用量 0.3IU/g 浆、纸浆浓度 1.0%、初始 pH 4.5、温度 45℃、时间 60min

由动态滤水时间曲线可以得出,酶处理 APMP 在动态滤水试验中的滤液体积分别为 100mL、200mL 和 300mL 时,对应的动态滤水时间 t_1、t_2 和 t_3 分别为16.4s、33.0s 和 50.9s。经过纤维素酶在酶用量 0.3IU/g 浆、纸浆浓度 1.0%、初始 pH 4.5、温度 45℃ 和时间 60min 的条件下处理后,APMP 相应的动态滤水时间 t_1、t_2 和 t_3 分别为 14.0s、29.5s 和 46.1s。

基于滤液体积为 300mL 时的动态滤水时间 t_3,酶处理缩短了 4.8s,使纸浆滤水性能得到较大改善。

5.1.2　纤维素酶的助留作用

造纸湿部的纸页成型与过滤过程类似,造纸网可以看成是一个连续的过滤器,纸料中一定比例的固体物留着在网上,其余的固体物随着大量滤液流走形成了白水。长纤维的留着率通常很高,接近100%,而细小组分的留着率仅为30%~70%。细小组分是指能通过200目筛网的组分,包括细小纤维和填料,它们影响纸页的结构、强度和光学性质,如果细小组分的留着率低,将影响纸机的运行性、清洁度和化学品的效率,过低的单程留着率会导致纸页横向分布不均匀及显著的两面性。在实际生产中细小组分留着率波动很大,有的可高达90%以上,有的只有50%~60%,甚至更低。为此需要加入大量助留剂以增加纸页中细小组分的留着,改善纸机的运行。

细小组分在纸页中的留着通过两种机制来实现:机械截留和胶体聚集。在造纸过程中,胶体聚集是细小组分留着的主要机制,包括细小组分形成的聚集体和细小组分与纤维形成的聚集体,后者是细小组分吸附在纤维上,与纤维一起在成形部被截留在纤维形成的浆层中(杨婷婷,2007)。造纸过程中应尽量避免纤维与纤维和细小纤维与细小纤维之间的絮聚,尽量促进细小组分在纸页中均匀分布,否则会造成纸页的两面性。希望细小组分在纸页中均匀分布的另一个原因是由于化学助剂在细小组分上的浓度高,为了使化学助剂在纸中均匀分布,也要求细小组分在纸中均匀分布。纤维素酶处理后,APMP细小纤维含量减少,引起纸浆中电荷变化,有利于提高细小组分的留着。

1. 酶处理对Zeta电位的影响

纤维表面电荷影响纤维对各种化学助剂的吸附,并由此影响各种助剂的使用效果。纤维素纤维表面带有微弱的负电荷,这些负电荷主要来自制浆和漂白过程中引入的酸性基团的电离,这些酸性基团主要是羧基,有时还含有木素磺酸基(何北海等,1999)。

与纤维一样,细小纤维趋于带有表面负电荷,这些负电荷也主要来自于表面羧基的电离。细小纤维可电离基团的来源与纤维相同,但就某一特定的纸浆来讲,细小纤维由于比其纤维组分含有更多的半纤维素、木素及更大的比表面积,单位质量的细小纤维的羧基和其他可电离酸性基团含量较高,其表面负电性一般要高于相应的纤维组分。

与纤维的情况相似,所有影响细小纤维羧基和其他可电离基团含量及电离的因素也会影响细小纤维的表面电荷。其中,细小纤维的来源和表面化学特性是影响其表面电荷的决定因素。一般来自化学机械浆的细小纤维,由于很多是直接从含有大量木素和半纤维素的胞间层分离的纤维碎片,其表面含有大量的羧基和木素磺酸基,表面负电性远大于经过溶出胞间层木素而分离出的非纤维细胞类细小纤维。

纤维素酶处理对 APMP Zeta 电位的影响见表 5.1。可以看出,经过纤维素酶处理后,APMP 中细小纤维含量由 39.78% 下降为 32.52%,细小纤维含量减少了 18.25%;酶处理后,纸浆 Zeta 电位由 -17.5mV 降至 -14.6mV,纸浆纤维表面负电性降低了 2.9mV。

表 5.1　纤维素酶处理对 APMP Zeta 电位的影响

试样	pH	细小纤维含量/%	Zeta 电位/mV
未处理 APMP	7.76	39.78	-17.5
纤维素酶处理 APMP	7.76	32.52	-14.6

注:酶用量 0.3IU/g 浆、纸浆浓度 1.0%、初始 pH 4.5、温度 45℃、时间 60min。

由于细小纤维结晶度低,易于吸水润胀,因此细小纤维保水值比纤维高,而且细小纤维具有较大的比表面积,可明显降低纸浆的滤水性能。由于在制浆和打浆过程中产生的纤维碎片比原生细小纤维更容易吸水润胀,因此其对纸机滤水能力的影响更大。经过纤维素酶的酶解作用,细小纤维在 APMP 中的含量降低,显著改善了纸浆的滤水能力,有利于提高纸机车速和产量。

细小纤维含量的减少,使纸浆纤维表面负电荷降低,纸浆 Zeta 电位因而随之下降,负电荷的降低,减弱了细小纤维和纤维之间的排斥力,有利于提高细小纤维的留着率和阳离子电解质的作用。

2. 酶处理对细小纤维组分留着率的影响

就留着性能来讲,由于细小纤维组分尺寸小,只能靠交替作用的聚集机制留着,而不能像粗大纤维那样还可以靠机械截留作用留着在抄纸网上。另外,细小纤维比表面积较大,所带负电荷较高,在纸浆体系中比粗大纤维更容易保持分散状态,因此,其留着性能比粗大纤维差。细小纤维组分留着率低,会使大量的细小纤维组分进入纸机白水,并随白水在体系中循环和积累,影响纸机的清洁程度和运转性能。

纤维素酶处理后,纸浆中细小纤维含量减少,纸浆 Zeta 电位降低,有利于细小纤维组分在纤维上的絮聚,可提高阳离子聚合电解质的使用效率。纤维素酶处理对 APMP 细小组分留着率的变化见表 5.2。

表 5.2　纤维素酶处理对 APMP 细小纤维组分留着率的影响

试样	不同阳离子聚丙烯酰胺用量下细小纤维组分留着率/%			
	0	100ppm	200ppm	300ppm
未处理 APMP	46.18	49.13	76.30	89.21
纤维素酶处理 APMP	79.25	79.43	89.20	92.34
改善程度/%	71.61	61.67	16.91	3.51

注:酶用量 0.3IU/g 浆、纸浆浓度 1.0%、初始 pH 4.5、温度 45℃、时间 60min。

从表 5.2 可以看出,纤维素酶处理可以极大地提高纸浆中细小组分留着率,较大幅度地提高阳离子聚丙烯酰胺的助留效果,尤其是在助留剂用量较低的情况下。

酶处理前,细小纤维组分留着率较低,在阳离子聚丙烯酰胺用量为 0、100ppm、200ppm 和 300ppm 的情况下,细小纤维组分留着率分别为 46.18%、49.13%、76.30%和 89.21%;酶处理后,细小纤维组分留着率有了大幅度提高,在阳离子聚丙烯酰胺用量为 0、100ppm、200ppm 和 300ppm 的情况下,细小纤维组分的留着率分别提高为 79.25%、79.43%、89.20%和 92.34%。酶处理对留着的促进作用在阳离子聚丙烯酰胺添加量较低时更为明显,当未添加助留剂时,酶处理对留着的改善程度为 71.61%;而当助留剂用量达到 300ppm 时,酶处理对留着的改善效果仅为 3.51%。

纤维素酶处理对 APMP 具有明显的助留作用,相比于未经过酶处理的试样,酶处理后可以在较大程度上降低阳离子聚丙烯酰胺的添加量。酶处理后,未添加任何助留剂的细小纤维组分留着率为 79.25%,远远高于未经过酶处理纸浆的留着率,甚至高于未经过酶处理纸浆添加 200ppm 阳离子助留剂时的留着率。细小纤维组分留着率的大幅度提高,将影响许多湿部助剂的作用,因而对纸页性质造成较大影响。

3. 酶处理对 AKD 施胶效果的影响

AKD 能与纤维素的羟基反应形成 β-酮酯,使纸和纸板具有抵抗水和其他液体润湿及渗透的能力,而反应的 AKD 的施胶效果是未反应 AKD 的 2～3 倍。随着湿纸页在纸机上的加热和干燥,吸附的 AKD 开始熔化,经扩展后以薄层形式覆盖纤维表面,在热作用下化学反应逐渐进行,出现分子能量的重新分布,分子的憎水端从表面向外伸出,赋予纸页憎水性。

纸机湿部有两个因素可降低施胶效率。首先,填料和细小纤维不像纤维那样被有效地留着,因而大量已吸附了 AKD 的填料和细小纤维进入白水;其次,留着系统能强烈聚结已吸附了 AKD 的填料,致使大部分施胶剂陷入聚集体内部,不能在干燥阶段扩展覆盖纤维,进而与纤维发生反应。

纤维素酶处理能够大幅度降低细小纤维含量,减少纤维表面负电性,提高细小组分在系统中的留着。细小纤维组分留着率的提高,将影响 AKD 在系统中的吸附,并直接影响其施胶效果,见表 5.3。

表 5.3　纤维素酶处理对 AKD 施胶的影响

试样	不同 AKD 用量纸浆施胶度/s						
	0	0.3%	0.4%	0.5%	0.6%	0.7%	0.8%
未处理 APMP	1	62.0	72.5	68.0	67.5	63.5	62.0
纤维素酶处理 APMP	1	64.0	70.0	70.5	72.5	75.5	67.0

注:酶用量 0.3IU/g 浆、纸浆浓度 1.0%、初始 pH 4.5、温度 45℃、时间 60min。

酶处理前,APMP 较佳施胶度出现在 AKD 用量为 0.4%,此时较佳施胶度为 72.5s;随着 AKD 用量的增加,APMP 的施胶度缓慢降低。酶处理后,APMP 的 AKD 施胶的效果发生较大变化,较佳施胶度出现在 AKD 用量为 0.7%。在达到较佳施胶度之前,随着 AKD 添加量的增加,施胶度呈增加趋势,但增加幅度较为缓慢。

酶处理后,纸浆细小纤维组分留着率提高,大量细小纤维和填料留着在纸页中,细小组分具有较大的比表面积和表面电荷,对 AKD 的吸附作用远大于粗大纤维,细小纤维组分留着率的提高,将直接提高 AKD 在纸页中的留着。虽然留着率提高,但由于 AKD 施胶需要留着在长纤维组分上才更有效,而过多吸附在细小组分上反而降低了 AKD 施胶时的有效用量,因而酶处理后,AKD 施胶效果随添加量的增加增长缓慢,并且其施胶度低于未经过酶处理的试样。当 AKD 用量增加到足够高时,高的留着率效果开始显现,较佳施胶度的数值增加到 75.5s,施胶效果有所提高。

纤维素酶处理提高了细小纤维组分在 APMP 中的留着率,使 AKD 在纸页中的留着能力和反应能力发生变化,最终导致酶处理后 AKD 施胶效果的提高,但施胶效率却有显著下降。

5.1.3　纤维素酶的增强作用

经过纤维素酶处理后,APMP 细小纤维留着率上升,对纸页性能产生两方面的影响:细小纤维本身对纸页性能的直接影响;细小纤维对助剂的选择性吸附对纸页性能产生的影响。

机械浆的细小纤维主要是磨解的细纤维单元、纤维块、木射线细胞和膜状纤维细胞壁片等,与化学浆打浆产生的细小纤维相似,比表面积大、游离羟基较多,其存在有利于纤维之间的结合。

纤维素酶处理对 APMP 强度性能的影响见表 5.4。纤维素酶处理后,APMP 各项强度性能均有增加,随着酶用量的增加,纸浆的抗张强度、耐破指数和抗撕裂指数呈现先增加后减小的变化趋势。酶用量为 0 时的空白样与未经过酶处理的原浆相比,裂断长、耐破指数和撕裂指数均略有增加,但幅度很小。纤维素酶处理提高了 APMP 的裂断长、耐破指数和撕裂指数,增加幅度虽然有差别,但变化趋势一致,而且与滤水性能的改善表现出相似的变化规律。酶用量为 0.3IU/g 浆时,各项强度指标均达到最大值,裂断长、耐破指数和撕裂指数分别为 3.05km、1.53(kPa・m^2)/g 和 2.53(mN・m^2)/g,比原浆分别增加了 140m、0.27(kPa・m^2)/g 和 0.29(mN・m^2)/g。

纤维素酶对强度性能的影响与对滤水性能的影响几乎同步。由于在纤维素酶处理过程中纸浆处于 pH 4.5 的弱酸性条件下,纤维表面的部分 COO^- 与 H^+ 结合成为 COOH,因而使纤维的结合性能略有改善。随着纤维素酶的加入,原本游

表 5.4　纤维素酶处理对 APMP 强度性能的影响

强度指标	酶用量/(IU/g 浆)							
	0	0.1	0.2	0.3	0.4	0.5	0.6	原浆
裂断长/km	2.92	2.96	3.00	3.05	3.02	2.98	2.97	2.91
耐破指数/[(kPa·m²)/g]	1.28	1.32	1.43	1.53	1.37	1.31	1.29	1.26
撕裂指数/[(mN·m²)/g]	2.27	2.36	2.42	2.53	2.39	2.25	2.24	2.24

注:酶用量 0.3IU/g 浆、温度 45℃、纸浆浓度 1.0%、初始 pH 4.5、时间 60min。

离在纸浆中的和絮聚在长纤维上的部分细小纤维组分,因较大的比表面积,迅速与加入的纤维素酶结合,形成酶与底物的复合体,并随之发生酶解,使纸浆中细小组分含量降低,同时减少了纤维上 COO⁻ 的含量,改善了纸浆纤维的相互结合,使纸浆各项强度性能均得到改善和提高。

　　随着纤维素酶用量的增加,酶在纸浆中的浓度增加,这有利于酶与底物的相互结合,促进细小纤维的酶解,进一步改善纸浆成纸强度性能。当酶用量为 0.3IU/g 浆时,优先与酶结合的细小纤维组分被酶饱和,酶处理效果达到最优,使强度性能出现较大改善值,其中裂断长增加 136m,耐破指数增加 0.27(kPa·m²)/g,撕裂指数增加 0.29(mN·m²)/g。当酶用量超过 0.3IU/g 浆时,一方面,较大比例的酶组分将结合在纸浆中的长纤维组分上,并使之发生酶解反应,从长纤维表面剥离下细小纤维反而增加了纸浆中的细小纤维组分,使原本得到改善的强度性能再次下降;另一方面,纸浆中新产生的细小纤维组分再次与酶结合发生酶解,从而使细小组分含量再次降低,强度性能得到进一步改善。两种情况共同作用,使纸浆成纸强度性能在酶用量超过 0.3IU/g 浆时逐渐减小。

5.1.4　纤维素酶处理对纤维特性的影响

　　纤维形态是植物纤维原料的基本特征之一,纤维特性将在很大程度上决定纸浆成纸性能。酶处理纸浆导致纤维质量形态发生的变化会不同程度地影响纤维之间的结合,从而影响纸浆质量。纤维的形态特征包括纤维长度、纤维宽度、细小纤维含量和纤维粗度指标,除此之外还有纤维的卷曲和扭结(王丹枫,1999)。对酶处理前后纸浆纤维质量形态的对比分析,可以揭示酶处理对纸浆纤维特性的影响,为酶处理改善纸浆性能的研究提供理论基础。

　　1. 酶处理对纤维宽度、粗度和细小纤维含量的影响

　　纤维素酶处理前后 APMP 的纤维宽度、粗度和细小纤维含量见表 5.5。纤维素酶处理前后,APMP 的纤维粗度和细小纤维含量变化较大,而纤维宽度变化较小。

表 5.5　纤维素酶处理对纸浆细小纤维含量、纤维宽度和粗度的影响

试样	细小纤维含量/%		平均宽度/μm	粗度/(mg/100m)
	数量平均	长度加权平均		
未处理 APMP	59.73	23.52	20.80	9.20
纤维素酶处理 APMP	51.51	18.39	20.50	10.30
变化比例/%	13.76	21.81	1.44	11.96

注:酶用量 0.3IU/g 浆、温度 45℃、纸浆浓度 1.0%、初始 pH 4.5、时间 60min。

纤维素酶处理后,APMP 的数量平均细小纤维含量和长度加权平均细小纤维含量都有较大幅度的降低,这与使用动态滤水装置所测得的变化趋势相同,主要是因为酶优先吸附在细小纤维表面,并使之酶解,因而纸浆中细小纤维含量无论从数量统计还是从质量统计均有所减少。纤维质量分析仪测定的细小纤维是长度为0.07~0.20mm 的组分含量,故长度加权平均细小纤维含量要小于使用动态滤水装置所得到的细小纤维含量。

纤维素酶处理后纸浆的纤维平均宽度略有减小,主要是因为少量酶结合在长纤维的表面,使其产生轻微的剥皮效应。

纤维粗度是纸浆的基本性能指标之一,它对纸页特性,特别是印刷性能有显著影响。纸浆粗度的大小将影响纤维柔软性、结合力和纸张表面强度(韩巍,2007)。粗度的变化主要是因为受纸浆中细小纤维含量减少的影响,纸浆中长纤维组分含量相对增加,使纤维平均长度增加,进而使纤维粗度变大,因为较长的纤维拥有较大的粗度。

2. 酶处理对纤维长度的影响

纤维长度是造纸纤维的一个重要特征指标,与纸张强度存在密切的相关性。纤维平均长度通常有三种表示方法,即数量平均长度(L_n)、长度加权平均长度(L_w)和质量加权平均长度(L_{ww})。由于纤维原料中细小纤维组分的数量多,而它们的长度和质量比例却相对较小,因此细小纤维的个数对数量平均长度(L_n)会产生非常大的影响,使其不能真实地代表纤维的制浆造纸特性,所以造纸工业通常采用与纸张的物理性质具有密切关系的长度加权平均长度(L_w)来报告纤维的平均长度。

纤维素酶处理前后纸浆纤维长度见表 5.6。纤维素酶处理后,APMP 平均纤维长度有较小幅度的增加,其中质量加权平均长度增幅最大,其次为长度加权平均长度,数量平均长度变化最小。

表 5.6　　纤维素酶处理对纤维长度的影响　　　　　（单位：mm）

试样	数量平均长度	长度加权平均长度	质量加权平均长度
未处理 APMP	0.504	0.604	0.702
纤维素酶处理 APMP	0.519	0.627	0.733
变化比例/%	2.98	3.81	4.42

注：酶用量 0.3IU/g 浆、温度 45℃、纸浆浓度 1.0%、初始 pH4.5、时间 60min。

纤维素酶的适度处理使纸浆中细小组分得到降解，细小纤维含量降低，长纤维组分含量升高，纤维平均长度变大。较长纤维可以提供更大的结合面积和更好的作用应力分布，在纤维之间产生更多的氢键结合，使纤维网络强度更大。纤维长度的改善，可以大幅度增加湿纸页的强度，提高裂断长、撕裂指数和耐破指数等强度指标。

3. 酶处理对纤维卷曲和扭结的影响

纤维的卷曲是指纤维平直方向的弯曲，纤维的扭结是指由于纤维细胞壁受损而产生的突然而生硬的转折。较高卷曲可赋予高得率纸浆较好的滤水性能和松厚度，相反低卷曲的化学浆具有较好的滤水性能和松厚度。适量的卷曲能提高抗张强度，但是过多的扭结会降低裂断长和耐破指数。卷曲和扭结可降低纤维的有效长度而增加纸幅的伸长率，在纸页被拉紧时将较多的应力施加在纤维结合键上，使纸页撕裂指数增加（吴学栋和陈鹏，2003）。

纤维素酶处理对 APMP 纤维卷曲和扭结的影响见表 5.7。纤维素酶处理后，APMP 纤维平均卷曲指数和平均扭结指数及相关指标均有所减小，而且降低幅度较大。

表 5.7　　纤维素酶处理对 APMP 纤维卷曲和扭结的影响

试样	平均卷曲指数		平均扭结指数 /mm^{-1}	每毫米长度的扭结数/mm^{-1}
	数量平均	长度加权平均		
未处理 APMP	0.082	0.086	1.41	0.70
纤维素酶处理 APMP	0.051	0.052	1.00	0.54
变化比例/%	37.80	39.53	29.08	22.86

注：酶用量 0.3IU/g 浆、温度 45℃、纸浆浓度 1.0%、初始 pH 4.5、时间 60min。

纤维卷曲和扭结的减少可能有两个方面原因：纤维卷曲和扭结处易于与酶结合，容易受到酶的攻击，使卷曲和扭结减少；纸浆在酶处理过程中会受到机械搅拌和热作用，使纸浆潜态性在一定程度上得到改善，减少纤维的卷曲和扭结。

纤维卷曲指数和扭结指数的降低使纸浆纤维在长度方向上可有效伸展，纤维平均长度和粗度增加,改善了纤维的结合,使纸浆的滤水性能和强度性能都有所改善。

5.1.5　X射线衍射分析

纤维素大分子在细胞壁中的聚集形成排列整齐有序的结晶区和排列无序松弛的无定形区。结晶区和无定形区互相交错,逐步过渡,且无明显界限。结晶区的羟基大部分形成了分子内和分子间氢键,使分子间的结合力增强,并决定了纤维强度,而无定形区则存在部分游离的羟基,有利于纤维的吸水润胀。一个纤维素分子链可以贯穿多个结晶区和无定形区,纤维素的这种超分子结构对酶的吸附起着非常重要的作用,关系到酶解作用能否有效发挥及酶解效率(Pommier,1991)。

图 5.7 所示为纤维素酶处理前后 APMP X 射线衍射图。利用积分面积法可以求得对照纸浆结晶度为 54.27%,纤维素酶处理后 APMP 结晶度为58.43%。由此可以看出,纤维素酶处理后纸浆的结晶度增加,即酶处理后,纸浆纤维素结晶区比例增加。

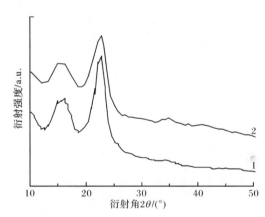

图 5.7　纤维素酶处理前后 APMP X 射线衍射谱图

1. 对照纸浆;2. 纤维素酶处理纸浆

纤维素酶对 APMP 的作用主要是选择性地去除纸浆中因机械作用而产生的纤维碎片,这些细小纤维的比表面积大且结晶度低,它们的去除使无定形区比例减小,结晶区比例增加,纸浆结晶度上升。细小纤维的去除并不是无限制的,纤维素酶易于降解纤维上的非结晶区,对结晶区的影响极小,而细小纤维也存在一定比例的结晶区,细小纤维在受到一定程度的酶解后,酶反应能力降低。

5.1.6　环境扫描电镜分析

APMP 在酶解作用过程中,酶解反应具有较高的选择性,分散在纸浆中的酶分子优先攻击具有较大比表面积的细小纤维组分,并迅速酶解这部分细小纤维组分,部分纤维素酶结合在长纤维组分表面,降解纤维表面的无定形区。在适当的酶处理下,纸浆中的细小纤维组分大量降解,细小纤维含量降低,长纤维含量相对增加,纤维表面细纤维化程度降低。

　　纤维素酶处理前后 APMP 的环境扫描电镜分析如图 5.8 所示,图中显示了纤维素酶处理对 APMP 的作用情况。未经过酶处理的对照纸浆,纤维之间存在大量的细丝状细小纤维和片状纤维碎片,长纤维表面存在较多细纤维化的丝状物,分散黏附到其余的纤维上,如图 5.8(a)、(b)所示。纤维素酶处理后,如图 5.8(c)、(d)所示,纤维之间细丝状细小纤维和其他纤维碎片减少了,纤维表面较光滑。

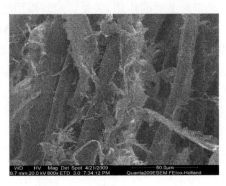

(a) 对照纸浆 400×　　　　　　　　　(b) 对照纸浆 800×

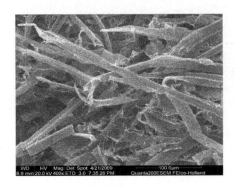
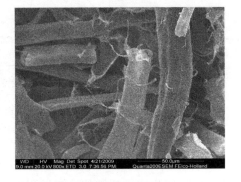

(c) 酶处理纸浆 400×　　　　　　　　(d) 酶处理纸浆 800×

图 5.8　纤维素酶处理前后 APMP 环境扫描电镜图

酶用量 0.3IU/g 浆、纸浆浓度 1.0%、初始 pH 4.5、温度 45℃、时间 60min

5.1.7　小结

　　通过对纤维素酶处理前后 APMP 打浆度、动态滤水时间、Zeta 电位、细小组分留着率、物理强度、纤维质量性能和表面特性等纸浆性能指标的对比分析,可得到以下结论。

(1)纤维素酶调控处理 APMP 可以较大地改善纸浆性能,对纸浆起到一定程度的助滤、助留和增强作用。

(2)纤维素酶对 APMP 调控处理的较优条件为:酶用量 0.3IU/g 浆、纸浆浓度 1.0%、初始 pH 4.5、温度 45℃、时间 60min。APMP 打浆度下降了 6.5°SR,动态滤水时间 t_3 减少了 4.8s,Zeta 电位(负值)降低了 2.9mV,细小组分留着率提高了 71.61%,AKD 施胶效果稍有提高,施胶效率下降,强度性能有所改善。

(3)酶处理后纸浆细小纤维含量下降,纤维平均宽度略有降低,纤维粗度增加,纤维平均长度有小幅度增加,纤维平均卷曲指数和扭结指数均有较大程度下降。

(4)纤维素酶可以选择性地降解 APMP 中的细小纤维组分,酶处理后的纸浆细小纤维含量降低,纸浆中无定形区面积减少,结晶区所占比例上升。

(5)环境扫描电镜分析显示,酶处理后的纸浆细丝状细小纤维和纤维碎片减少,长纤维表面较光滑,表面细纤维化程度降低。

5.2　木聚糖酶湿部调控

本节研究了木聚糖酶处理对 APMP 的调控作用,通过对比酶处理前后 APMP 的打浆度、动态滤水时间、Zeta 电位、细小纤维含量、细小组分留着率和纸浆成纸物理强度等性能指标的变化,明确了木聚糖酶处理对 APMP 的助滤、助留和增强作用,优化了酶处理条件,并通过 FQA、XRD 和环境扫描电镜等分析检测手段,探讨了酶处理对纸浆纤维质量和表面特性的影响。

适度的木聚糖酶处理可以对 APMP 进行调控,酶优先结合在细小纤维和纤维表面细纤维化的区域,选择性地降解纸浆中的半纤维素,使纸浆中细小纤维含量减少,纤维表面电荷降低,提高纸浆的滤水、留着和强度性能(李海龙等,2008)。

5.2.1　木聚糖酶的助滤作用

木聚糖酶处理后,APMP 的滤水性能得到改善,纸浆打浆度下降,动态滤水时间减少。酶处理效果受酶用量、纸浆浓度、初始 pH、处理温度和处理时间的影响,为获取较佳的助滤效果,对以上因素分别进行讨论,以确定较优酶处理条件。

1. 酶用量的影响

酶用量是酶处理效果的重要影响因素,酶用量的改变会引起助滤效果的较大变化。酶用量对 APMP 滤水性能的影响如图 5.9 所示。使用木聚糖酶进行调控,可以改善 APMP 的滤水性能,随着酶用量的增加,纸浆打浆度先下降后上升,较佳的酶助滤效果出现在酶用量为 1.5IU/g 浆,在酶用量下,APMP 打浆度下降至 41.0°SR,下降了 4.5°SR。

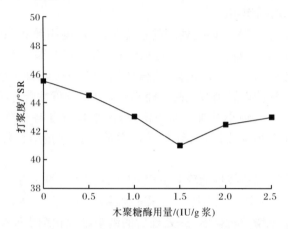

图 5.9　木聚糖酶用量对 APMP 滤水性能的影响

对照纸浆打浆度 45.5°SR、纸浆浓度 0.5%、初始 pH 7.0、温度 45℃、时间 30min

　　细小纤维由于其较大的比表面积,会优先与加入的木聚糖酶结合,形成酶-底物复合体,并随之发生表面半纤维素酶解,使纸浆中纤维和细小纤维表面可电离基团含量降低,改善了纸浆的滤水性能,纸浆的打浆度降低。

　　随着木聚糖酶用量的增加,酶在纸浆中的浓度增加,这更利于酶与底物的相互结合,促进酶解反应的进行,加速了半纤维素和细小纤维的降解,进一步改善了 APMP 的滤水性能,打浆度明显下降。当酶用量为 1.5IU/g 浆时酶处理助滤效果达到最优,此时打浆度由对照纸浆的 45.5°SR 下降为 41.0°SR,打浆度降低幅度最大,相对于未处理的纸浆下降了 4.5°SR。当酶用量超过 1.5IU/g 浆时,酶对 APMP 滤水性能的改善效果下降,可能原因包括两个方面:一方面更多的酶结合在浆中长纤维组分上,并使其半纤维素发生酶解反应,从长纤维表面剥离下细小纤维,使纸浆中的细小组分再次增加,滤水性能开始有所降低,打浆度开始回升;另一方面,新产生的细小组分再次与酶结合发生酶解,从而使游离半纤维素含量再次降低,滤水性能进一步得到改善。两种作用以前一种为主,共同作用的结果使酶用量超过 1.5IU/g 浆时纸浆再次产生游离半纤维素,纸浆滤水性能变差,打浆度上升。

2. 纸浆浓度的影响

　　酶处理时纸浆的浓度也是影响酶处理效果的重要因素,较低的纸浆浓度有利于酶在纸浆中的均匀分散,但酶催化活性点少,酶处理效果较差。较高的纸浆浓度增加了酶在纸浆中的浓度,利于酶与底物的结合,使酶解反应速率和程度增加,并且有利于降低能耗,但浓度过高,则不利于酶与底物的均匀混合,使酶作用的选择性变差,反而降低了酶对纸浆的助滤作用,而且成本较高。图 5.10 为纸浆浓度对 APMP 滤水性能的影响。

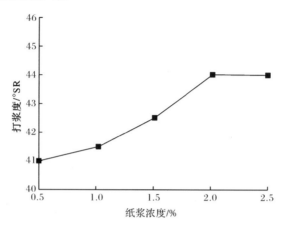

图 5.10　纸浆浓度对 APMP 滤水性能的影响

酶用量 1.5IU/g 浆、初始 pH 7.0、温度 45℃、时间 30min

　　随着纸浆浓度的增加,酶对 APMP 滤水性能的改善作用先增加后减少,低纸浆浓度时酶处理效果明显优于较高纸浆浓度时的效果,并在纸浆浓度为 0.5% 时有较佳的酶助滤作用,相对于原浆 45.5°SR 的打浆度,酶处理纸浆打浆度为 41.0°SR,下降了 4.5°SR。随着纸浆浓度的增加,酶处理对 APMP 滤水性能的改善效果反而下降,打浆度上升,并在纸浆浓度达到 2.0% 时,打浆度上升至 44.0°SR,再增加纸浆浓度,滤水性能不再发生变化。

　　可见纸浆浓度显著影响酶处理的效果,随着纸浆浓度的提高,纸浆中底物浓度和酶浓度都增加,增加了细小纤维组分与酶接触的概率,有利于底物和酶的结合,使酶处理的酶解作用加强,可电离基团含量下降较快,酶处理对 APMP 滤水性能的改善效果明显,打浆度下降较快,并在浓度为 0.5% 时取得最优效果。当纸浆浓度超过 0.5% 时,酶处理效果出现较大幅度的减弱,这可能是受到了两方面作用的综合影响:一是浓度的增加导致酶与纸浆的混合情况变差,不利于细小组分与酶的有效结合,使部分区域酶含量难以达到饱和,不利于半纤维素的酶解,与混合均匀的酶处理相比,半纤维素未充分降解,而使羧基含量增高,滤水性能的改善效果变差;二是纸浆浓度的增加会使酶组分不能均匀分布,使纸浆局部存在过饱和的情况,过饱和的酶使此部分纸浆的长纤维剥离出新的细小组分。两种作用综合的结果使纸浆浓度超过 0.5% 时,酶处理效果有较大程度下降,纸浆中产生较多新的细小组分,导致纸浆滤水性能下降。

3. 初始 pH 的影响

　　酶作为一种蛋白质,其催化活性受 pH 影响,相应酶对纸浆滤水性能的改善作用存在较佳的 pH 范围,在此范围内,酶的催化能力较强,对纸浆的助滤作用较好。木聚糖酶处理初始 pH 对 APMP 滤水性能的影响如图 5.11 所示。

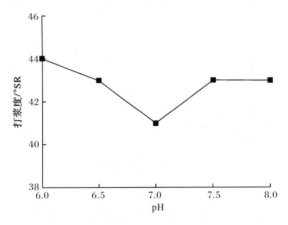

图 5.11　初始 pH 对 APMP 滤水性能的影响
酶用量 1.5IU/g 浆、纸浆浓度 0.5%、温度 45℃、时间 30min

　　木聚糖酶处理改善 APMP 滤水性能的较佳 pH 为 7.0,酶对 APMP 的助滤效果较好,对纸浆滤水性能改善作用较强,打浆度下降幅度较大,从原浆的45.5°SR下降为酶处理后的 41.0°SR,下降了 4.5°SR。偏离此 pH,酶的助滤效果会受到一定程度的影响。

　　在酶处理较佳 pH 范围内,木聚糖酶所表现出的酶活性较大,能对纸浆中的半纤维素产生最大程度的酶解作用,减少游离羧基的含量,相应改善纸浆的滤水性能。pH 偏离此较佳范围时,木聚糖酶中起催化作用的残基将发生一定程度的变性,使酶制剂催化残基的活性降低,因而引起木聚糖酶酶解作用的降低,酶调控效果变差,而且 pH 偏离幅度越大,酶解作用的降低程度越高,酶处理的效果也就越差,打浆度相应增加。

4. 酶处理温度的影响

　　酶的重要特性之一是对温度的高度敏感,温度升高对酶处理产生两种相反的影响:一方面,温度的升高给予反应物分子以较多的动能,增加单位时间内的有效接触,促进酶催化反应;另一方面,温度升高会引起酶的热变性,即酶蛋白某些结构受到破坏使酶丧失部分催化活性,反应速率下降。这两个方面构成一个动态平衡,如果其他条件,如初始 pH、处理时间和酶用量等都保持不变,则酶有一个较适宜处理温度。低于较适宜温度时,以一种效应为主;高于较适宜温度时,以后一种效应为主。在较适宜温度下,酶的活性最大,而上述两种倾向保持一定平衡。酶处理温度对 APMP 滤水性能的影响如图 5.12 所示。

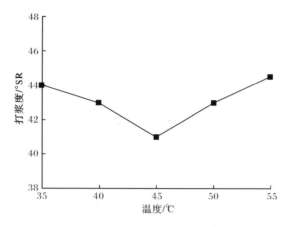

图 5.12　酶处理温度对 APMP 滤水性能的影响

酶用量 1.5IU/g 浆、纸浆浓度 0.5%、初始 pH 7.0、时间 30min

由打浆度变化曲线可以得出,木聚糖酶对 APMP 的助滤作用较适宜温度为 45℃,在此温度下木聚糖酶改善 APMP 滤水性能的效果最佳,打浆度降到最低值 (41.0°SR),打浆度比未经过酶处理纸浆的打浆度下降了 4.5°SR,酶处理效果明显。低于或高于较适宜处理温度时,酶对 APMP 的改善效果降低,且偏离此范围越大,酶助滤效果越差。

温度低于较适宜处理温度时,酶起催化作用的残基未受到热变性作用,酶的催化活性未受影响,但此时酶反应速率较低,使酶处理对 APMP 滤水性能的改善作用增加缓慢,尚未达到最佳的助滤效果;当温度高于较适宜处理温度时,虽然温度的升高给予了反应物分子较多的动能,使酶与底物单位时间的有效接触增加,但酶分子中部分起催化作用的残基产生热变性,降低了酶作用的活性,从而导致酶对纸浆滤水性能改善作用的降低,无法达到最佳助滤效果。

5. 酶处理时间的影响

为了强化酶处理效果,可以延长酶处理时间。酶处理初期,随着酶处理时间的延长,酶对细小纤维的作用增强,细小纤维含量持续降低,这有利于酶对 APMP 的助滤作用,纸浆滤水性能得到明显改善,打浆度数值下降幅度较快。但酶处理时间过长反而会造成酶对纸浆滤水性能改善效果的下降。酶处理时间对 APMP 滤水性能的影响如图 5.13 所示。随着时间的增加,酶助滤的改善幅度先增加后减小,表现为纸浆的打浆度先降低后升高。酶处理前期,特别是前 30min 纸浆滤水性能改善明显,打浆度由 45.5°SR 下降到 41.0°SR,下降了 4.5°SR;继续延长处理时间,酶对纸浆滤水性能的改善作用反而变差。

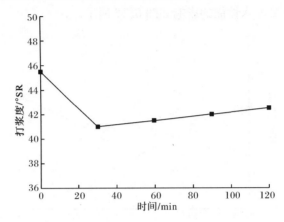

图 5.13　酶处理时间对 APMP 滤水性能的影响
酶用量 1.5IU/g 浆、纸浆浓度 0.5%、初始 pH 7.0、温度 45℃、时间 30min

随着酶处理时间的延长,酶对底物的作用增大,加强了酶处理的作用效果。在 30min 内,随着时间的增加,木聚糖酶优先作用于细小纤维,使纸浆中半纤维素不断降解,直至这部分半纤维素含量达到最低;同时存在少量的长纤维剥皮现象,但新产生的细小纤维含量较低,酶解效果主要是降低纤维表面可电离基团含量,使纸浆滤水性能得到改善。随着时间的继续增加,酶作用程度加深,纸浆中原本存在于细小纤维表面的半纤维素含量很低,这不利于继续进行酶降解作用,加之酶解作用代谢产物的积累,使浆中半纤维素的酶解作用降低到很微弱的程度;而此时长纤维表面的剥皮反应逐渐明晰,纸浆中新产生的细小纤维含量增加,长纤维本身降解加剧,酶处理的加深对纸浆性能的削弱作用体现得更加明显,纸浆滤水性能开始变差。

综上所述,木聚糖酶处理可以改善 APMP 的滤水性能,优化的酶处理条件为木聚糖酶用量 1.5U/g 浆、纸浆浓度 0.5%、初始 pH 7.0、处理温度 45℃、处理时间 30min。经过优化条件下的木聚糖酶处理,APMP 打浆度由 45.5°SR 下降到 41.0°SR,显著改善了纸浆的滤水性能。

6. 酶处理对动态滤水时间的影响

木聚糖酶处理对 APMP 动态滤水性能的影响如图 5.14 所示。酶处理前 APMP 在动态滤水试验中的滤液体积分别为 100mL、200mL 和 300mL 时,对应的动态滤水时间 t_1、t_2、t_3 分别为 16.4s、33.0s 和 50.9s,纸浆在木聚糖酶用量 1.5IU/g 浆、纸浆浓度 0.5%、初始 pH 7.0、酶处理温度 45℃和酶处理时间 30min 的条件下处理后,APMP 相应的动态滤水时间 t_1、t_2 和 t_3 分别变为 15.0s、31.0s 和 48.1s。

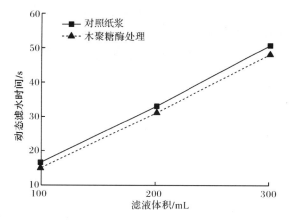

图 5.14　木聚糖酶处理对 APMP 动态滤水性能的影响
酶用量 1.5IU/g 浆、纸浆浓度 0.5%、初始 pH7.0、温度 45℃、时间 30min

基于滤液体积为 300mL 时的动态滤水时间 t_3,酶处理可将其缩短 2.8s,使纸浆滤水性能得到较大改善,进一步明确了木聚糖酶处理对 APMP 的助滤作用。

5.2.2　木聚糖酶的助留作用

木聚糖酶处理后,APMP 细小纤维和游离羧基含量减少,从而引起纸浆中纤维的电荷变化,这有利于细小纤维组分的留着。

1. 酶处理对 Zeta 电位的影响

木聚糖酶处理对 APMP Zeta 电位的影响见表 5.8。经过木聚糖酶处理后,APMP 中细小纤维含量由 39.78% 下降为 33.24%,细小纤维含量减少了 6.54%;酶处理后,纸浆 Zeta 电位由-17.5mV 降至-16.9mV,纸浆纤维表面负电性降低了 0.6mV。

表 5.8　木聚糖酶处理对 APMP Zeta 电位的影响

试样	pH	细小纤维含量/%	Zeta 电位/mV
未处理 APMP	7.76	39.78	-17.5
木聚糖酶处理 APMP	7.76	33.24	-16.9

注:酶用量 1.5IU/g 浆、纸浆浓度 0.5%、初始 pH 7.0、温度 45℃、时间 30min。

细小纤维组分的结晶度低,比纤维易于吸水润胀,因此保水值高,而且细小纤维具有较大的比表面积,可明显降低纸浆的滤水性能。而由在制浆和打浆过程中产生的纤维碎片比原生细小纤维更容易吸水润胀,因此对纸机滤水能力的影响也更大。经过木聚糖酶酶解作用,细小纤维在 APMP 中的含量明显降低,同时纸浆中游离羧基含量减少,显著改善了纸浆的滤水能力,有利于提高纸机车速和产量。

细小纤维和羧基含量的减少,使纸浆纤维表面负电性降低,纸浆 Zeta 电位因而随之下降,负电荷的降低,减弱了细小纤维和纤维之间的排斥力,有利于提高细小纤维的留着率和阳离子电解质的使用效果。

2. 酶处理对细小组分留着率的影响

木聚糖酶处理后,纸浆中细小纤维含量减少,纸浆 Zeta 电位降低,这有利于细小组分在纤维上的絮聚,可提高阳离子聚合电解质的使用效率。酶处理前后,纸浆细小组分留着率的变化见表 5.9。从表中可以看出,木聚糖酶处理可以大幅度提高纸浆中细小组分的留着率,显著提高阳离子聚丙烯酰胺的助留效果,尤其是在助留剂添加量较低的情况下。

表 5.9　木聚糖酶处理对 APMP 细小组分留着率的影响

试样	不同阳离子聚丙烯酰胺用量下细小组分留着率/%			
	0	100ppm	200ppm	300ppm
未处理 APMP	46.18	49.13	76.30	89.21
木聚糖酶处理 APMP	74.50	78.34	86.08	88.24
改善程度/%	61.33	59.45	12.82	−1.08

注:酶用量 1.5IU/g 浆、纸浆浓度 0.5%、初始 pH 7.0、温度 45℃、时间 30min。

酶处理前,细小组分的留着率较低,在阳离子聚丙烯酰胺用量为 0、100ppm、200ppm 和 300ppm 时,细小组分的留着率分别为 46.18%、49.13%、76.30%和89.21%;酶处理后,细小组分留着率有了大幅度提高,在阳离子聚丙烯酰胺用量为 0、100ppm、200ppm 和 300ppm 的情况下,细小组分留着率分别为 74.50%、78.34%、86.08%和88.24%。酶处理对留着的促进作用在阳离子聚丙烯酰胺添加量较低时更为明显,当助留剂用量为 0 时,酶处理对留着的改善程度为61.33%;而当助留剂用量达到 300ppm 时,酶处理对留着没有改善作用。

木聚糖酶处理对 APMP 产生显著的助留作用,相比于未经过酶处理的试样,酶处理可较大程度降低阳离子聚丙烯酰胺的添加量。酶处理后,未添加任何助留剂的细小组分留着率为 74.50%,远高于未经过酶处理试样的留着率,甚至接近于阳离子助留剂用量为 200ppm 时的留着率。

细小纤维组分留着率的提高影响湿部助剂的性能,相应影响纸页的抄造和性能。

3. 酶处理对 AKD 施胶效果的影响

木聚糖酶处理能够大幅度降低细小纤维含量,减少纤维表面负电性,提高细小纤维组分在系统中的留着。细小纤维组分留着率的提高,将影响 AKD 在系统中的吸附,并直接决定施胶效果,见表 5.10。

表 5.10　木聚糖酶处理对 AKD 施胶的影响

试样	不同 AKD 用量纸浆施胶度/s						
	0	0.3%	0.4%	0.5%	0.6%	0.7%	0.8%
未处理 APMP	1	62.0	72.5	68.0	67.5	63.5	62.0
木聚糖酶处理 APMP	1	61.5	65.0	69.6	70.0	73.5	65.0

注:酶用量 1.5IU/g 浆、纸浆浓度 0.5%、初始 pH 7.0、温度 45℃、时间 30min。

酶处理前,APMP 最佳施胶度出现在 AKD 用量为 0.4% 时,施胶度为 72.5s,随着 AKD 用量的增加,APMP 的施胶度缓慢降低。经过酶处理后 APMP 的 AKD 施胶效果发生较大变化,较佳施胶度出现在 AKD 用量为 0.7%(73.5s),在达到较佳施胶度之前,随着 AKD 添加量的增多,施胶度呈增加趋势,但增加幅度较为缓慢。

酶处理后,纸浆细小纤维组分留着率提高,大量细小纤维和填料留着在纸页中,细小纤维组分具有较大的比表面积和表面电荷,对 AKD 的吸附作用远大于粗大纤维,细小纤维组分留着率的提高将直接提高 AKD 在纸页中的留着。虽然留着率提高,但由于 AKD 施胶需要留着在长纤维组分上才更有效,而过多地吸附在细小组分上反而降低了 AKD 施胶的有效用量,因而酶处理后,AKD 施胶效果随着添加量的增加而增长缓慢,并且其施胶度低于未经过酶处理的纸浆。当 AKD 用量增加到足够高时,最佳施胶度上升到 73.5s,施胶效果略有提高。

木聚糖酶处理提高了 APMP 中细小纤维组分的留着率,使 AKD 在纸页中的留着能力和反应能力发生变化,导致酶处理后 AKD 施胶效果发生不同变化,但施胶效率有所下降。

5.2.3　木聚糖酶的增强作用

木聚糖酶处理导致 APMP 细小纤维留着率上升,对纸页性能产生一定的影响。木聚糖酶处理对 APMP 的强度性能的影响见表 5.11。

木聚糖酶处理后,APMP 各项强度指标均有增加,随着酶用量的增加,纸浆的抗张强度、耐破指数和撕裂指数均呈现先增加后减小的趋势。在酶用量为 1.5IU/g 浆时,各项强度指标均达到较佳改善值,裂断长、耐破指数、撕裂指数分

表 5.11　木聚糖酶处理对 APMP 强度性能的影响

强度指标	酶用量/(IU/g浆)						
	0	0.5	1.0	1.5	2.0	2.5	原浆
裂断长/km	2.91	2.93	3.00	3.09	3.01	2.99	2.91
耐破指数/[(kPa·m²)/g]	1.26	1.27	1.31	1.38	1.33	1.31	1.26
撕裂指数/[(mN·m²)/g]	2.25	2.29	2.32	2.33	2.42	2.39	2.24

注:酶处理温度 45℃、纸浆浓度 0.5%、初始 pH 7.0、时间 30min。

别增加为 3.09km、1.38(kPa·m²)/g、2.33(mN·m²)/g,比对照纸浆增加了 0.18km、0.12(kPa·m²)/g 和 0.09(mN·m²)/g,增加比例分别为 6.15%、9.52%和 4.02%。

　　提高木聚糖酶用量相应提高了酶浓度,这更利于酶与底物的相互结合,促进细小纤维的酶解,进一步改善了纸浆的强度性能,表现为各项指标的明显增加。当酶用量为 1.5IU/g 浆时,原浆中优先与酶结合发生酶解的细小组分被酶所饱和,酶处理效果达到较优,使强度性能出现较大的改善值,裂断长增加 0.18km、耐破指数增加 0.12(kPa·m²)/g、撕裂指数增加 0.09(mN·m²)/g。当酶用量超过 1.5IU/g 浆时,一方面,超出纸浆中原本的细小组分结合能力的酶将结合在纸浆中的长纤维组分上,并使之发生酶解反应,从长纤维表面剥离下细小纤维,从而使纸浆中的细小组分再次增加,使原本得到改善的强度性能再次变差;另一方面,纸浆中新产生的细小组分再次与酶结合发生酶解,从而使细小组分含量再次降低,强度性能进一步得到改善。以上两种情况共同作用的结果,使纸浆强度性能指标在酶用量超过 1.5IU/g 浆时逐渐降低。

5.2.4　木聚糖酶处理对纤维特性的影响

1.酶处理对纤维宽度、粗度和细小纤维含量的影响

　　木聚糖酶处理前后 APMP 的纤维质量的变化见表 5.12。木聚糖酶处理前后,APMP 纤维粗度和细小纤维含量变化较大,而纤维宽度变化不明显。

　　木聚糖酶处理后纸浆的数量平均细小纤维含量和长度加权平均细小纤维含量都有较大幅度的降低,这与使用动态滤水装置所测得的变化趋势相同,具体原因与纤维素酶处理相同。

　　木聚糖酶处理后纸浆的纤维平均宽度略有减小,主要是因为少量酶结合在长纤维的表面,使其产生轻微的剥皮效应,使宽度稍有变化。

表 5.12　木聚糖酶处理对纸浆细小纤维含量、纤维宽度和粗度的影响

| 试样 | 细小纤维含量/% | | 平均宽度/μm | 粗度/(mg/100m) |
	数量平均	长度加权平均		
未处理 APMP	59.73	23.52	20.80	9.2
木聚糖酶处理 APMP	51.08	18.13	20.50	10.6
变化比例/%	14.48	22.92	1.44	15.22

注:酶用量 1.5IU/g 浆、温度 45℃、纸浆浓度 0.5%、初始 pH 7.0、时间 30min。

2. 酶处理对纤维长度的影响

酶处理前后纸浆纤维长度见表 5.13。

表 5.13　木聚糖酶处理对纤维长度的影响　　　　　（单位:mm）

试样	数量平均长度	长度加权平均长度	质量加权平均长度
未处理 APMP	0.504	0.604	0.702
纤维素酶处理 APMP	0.518	0.630	0.745
变化比例/%	2.78	4.30	6.13

注:酶用量 1.5IU/g 浆、温度 45℃、纸浆浓度 0.5%、初始 pH 7.0、时间 30min。

木聚糖酶处理后,APMP 平均纤维长度有较小幅度的增加,其中质量加权平均长度增幅最大,其次为长度加权平均长度,数量平均长度变化最小。木聚糖酶处理使纸浆中细小纤维组分得到降解,细小纤维含量降低,长纤维组分含量升高,纤维平均长度增加。长纤维可以提供更大的结合面积和应力分布,在纤维之间产生更多的氢键结合,使纤维交织网络强度更大。纤维长度的改善,可以有效增加湿纸页的强度,提高湿纸页裂断长、撕裂指数和耐破指数等强度指标。

3. 酶处理对纤维卷曲和扭结的影响

木聚糖酶处理对 APMP 纤维卷曲和扭结的影响见表 5.14。木聚糖酶处理后,APMP 纤维平均卷曲指数和平均扭结指数及相关指标均显著降低。

表 5.14　木聚糖酶处理对 APMP 纤维卷曲和扭结的影响

| 试样 | 平均卷曲指数 | | 平均扭结指数/mm^{-1} | 每毫米长度的扭结数/mm^{-1} |
	数量平均	长度加权		
未处理 APMP	0.082	0.086	1.41	0.70
木聚糖酶处理 APMP	0.046	0.047	0.89	0.49
变化比例/%	43.90	45.35	36.88	30.00

注:酶用量 1.5IU/g 浆、温度 45℃、纸浆浓度 0.5%、初始 pH 7.0、时间 30min。

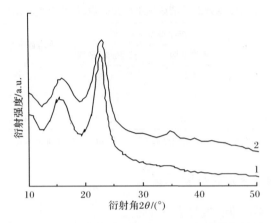

图 5.15　木聚糖酶处理前后 APMP X 射线衍射图

1. 对照纸浆；2. 木聚糖酶处理纸浆

5.2.5　X 射线衍射分析

图 5.15 所示为木聚糖酶处理前后 APMP X 射线衍射图。在图 5.15 中,利用积分面积法求得对照纸浆结晶度为 54.27%,木聚糖酶处理后 APMP 的结晶度为 61.71%。木聚糖酶处理后纸浆的结晶度增加,即酶处理后纸浆纤维素结晶区比例增加。木聚糖酶对 APMP 的处理主要是选择性的处理纸浆中因磨浆或打浆而产生的纤维碎片,这些细小纤维的比表面积大且结晶度低,它们的去除使无定形区比例减小、结晶区比例增加,纸浆结晶度上升。

5.2.6　环境扫描电镜分析

木聚糖酶可以选择性降解纸浆中的半纤维素,降低细小纤维含量,改善 APMP 性能,APMP 纤维表面形态发生了变化。图 5.16 所示为木聚糖酶处理前后 APMP 纤维的环境扫描电镜图。

图 5.16 中电镜图显示了木聚糖酶处理对 APMP 的作用情况。未经过酶处理的对照纸浆,纤维之间存在大量的细丝状细小纤维和片状纤维碎片,长纤维表面存在较多细纤维化的丝状纤维,分散在其余纤维表面,如图 5.16(a)、(b)所示。木聚糖酶处理后,如图 5.16(c)、(d)所示,纤维之间细丝状细小纤维有所减少,纤维表面较光滑。

5.2.7　小结

通过对木聚糖酶处理前后 APMP 打浆度、动态滤水时间、Zeta 电位、细小纤维组分留着率、物理强度、纤维质量性能和表面特性等纸浆性能指标的对比分析,

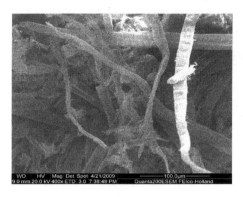 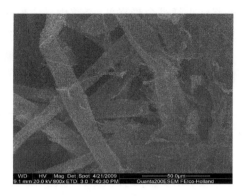

（a）对照纸浆 400×　　　　　　　　　　　　（b）对照纸浆 800×

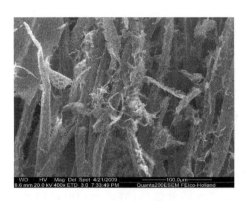 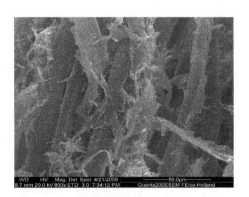

（c）酶处理纸浆 400×　　　　　　　　　　　　（d）酶处理纸浆 800×

图 5.16　木聚糖酶处理前后 APMP 环境扫描电镜图

酶用量 1.5IU/g 浆、纸浆浓度 0.5%、初始 pH 7.0、温度 45℃、时间 30min

可得到以下结论。

（1）木聚糖酶处理可以改善 APMP 的助滤、助留和强度性能。

（2）木聚糖酶对 APMP 的调控处理较优条件为：酶用量 1.5IU/g 浆、纸浆浓度 0.5%、初始 pH 7.0、温度 45℃、时间 30min，此条件下处理后 APMP 打浆度下降了 4.5°SR，动态滤水时间 t_3 减少了 2.8s；Zeta 电位（负值）降低了 0.6mV，细小纤维组分留着率提高了 61.33%，AKD 施胶效果略有上升，但施胶效率下降幅度较大；裂断长增加了 0.18km，耐破指数增加了 0.12(kPa · m²)/g，撕裂指数增加了 0.09(mN · m²)/g，分别提高了 6.15%、9.52%和 4.02%。

（3）酶处理后纸浆细小纤维含量下降，纤维平均宽度略有减少，纤维粗度增加，纤维平均长度有小幅度增加，纤维平均卷曲指数和扭结指数都有较大程度的下降。

（4）木聚糖酶可选择性地降解 APMP 中半纤维素含量较高的区域，酶处理后纸浆细小纤维含量降低,纸浆中无定形区面积减少,结晶区所占比例上升,通过对 X 射线衍射谱图的面积积分得出纸浆的结晶度提高。

(5)酶处理后的纸浆细丝状细小纤维减少,长纤维表面较光滑,表面细纤维化程度减少,分丝帚化程度降低。

5.3　果胶酶湿部调控

本节采用果胶酶对 BCTMP 进行调控处理,通过对比酶处理前后 BCTMP 的打浆度、动态滤水时间、Zeta 电位、细小纤维组分含量、细小纤维组分留着率和纸浆成纸物理强度等纸浆性能指标的变化,确定了果胶酶处理对 BCTMP 的助滤、助留和增强作用,优化了酶处理条件,并通过 FQA、X 射线衍射和环境扫描电镜等分析检测设备探讨了酶处理对纸浆纤维质量和表面特性的影响。

原料。H_2O_2 漂白 BCTMP,取自山东某纸厂;果胶酶,Novozym863,复合酶,诺维信公司,酶活 9500PGU/mL,主酶活为降解聚半乳糖醛酸的果胶酶;阳离子聚丙烯酰胺,Percol 292,汽巴精化有限公司,相对分子质量 800 万;滑石粉,济南月华科技开发有限公司,粒度 325 目;AKD,取自济南某纸厂,固体含量 15%;阳离子淀粉,取自山东滨州某纸厂,取代度>0.035。

果胶酶处理对 BCTMP 具有调控作用,使纸浆中的聚半乳糖醛酸降解为低聚半乳糖醛酸和单半乳糖醛酸,减少阴离子垃圾来源(刘云云等,2009),进而减少其与阳离子添加剂的络合作用,使纸浆阳电荷需求量明显降低,纤维表面电荷降低,纸浆的滤水、留着和强度性能得到改善和提高。

5.3.1　果胶酶的助滤作用

果胶酶处理后 BCTMP 的滤水性能得到改善,纸浆打浆度下降,动态滤水时间减少。酶处理效果受酶用量、纸浆浓度、初始 pH、处理温度和处理时间的影响,通过对各项影响因素分别进行讨论,以优化酶处理条件。

1.酶用量的影响

酶用量是酶处理效果的重要影响因素,酶用量的改变将引起助滤效果的较大变化。果胶酶用量对 BCTMP 滤水性能的影响如图 5.17 所示。

果胶酶处理可以改善 BCTMP 的滤水性能,随着酶用量的增加,纸浆打浆度先下降后上升,较佳酶助滤效果出现在酶用量 1000ppm/g 浆,此酶用量 BCTMP 的打浆度下降到 33.5°SR,降低了 4.5°SR。

不加果胶酶处理的空白纸浆,其打浆度为 37.5°SR,比未经过任何处理的原浆打浆度数值 38.0°SR 下降了 0.5°SR。可能是由于果胶酶处理的过程中,纸浆处于

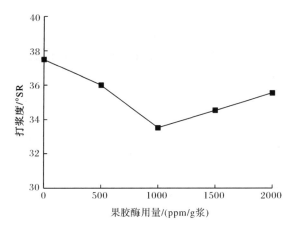

图 5.17　果胶酶用量对 BCTMP 滤水性能的影响

对照纸浆打浆度 38.0°SR、纸浆浓度 1.0%、初始 pH 4.5、温度 45℃、时间 60min

pH 4.5 的弱酸性条件下,纤维表面的部分 COO^- 与 H^+ 结合成为 COOH,降低了纸浆表面的阴离子浓度;同时,机械搅拌和热作用使纸浆的潜态性得到改善,因而使纸浆滤水性能略有提高。

果胶酶的加入使原本游离在纸浆中的聚半乳糖醛酸与酶结合,形成酶与底物的复合体,并随之发生酶解,纸浆中阴离子含量降低,改善了纸浆的滤水性能,纸浆的打浆度降低。

随着果胶酶用量的增加,酶在纸浆中的浓度增加,促进了酶解反应的进行,加速了聚半乳糖醛酸的降解和阴离子含量的降低,改善了 BCTMP 滤水性能,表现为打浆度明显降低。当酶用量为 1000ppm/g 浆时,纸浆中与酶结合并发生酶解的阴离子果胶酸组分被酶所饱和,酶处理效果达到最优,对滤水性能的改善效果最佳,此时打浆度由对照纸浆的 38.0°SR 下降为 33.5°SR,打浆度出现最大降幅,相对于未处理的纸浆降低了 4.5°SR。当酶用量超过 1000ppm/g 浆时,酶对 BCTMP 滤水性能的改善效果下降,纸浆的打浆度随着酶用量的增加而升高,这可能与果胶酶 Novozym863 是复合酶有关,果胶酶除主酶活外尚有能降解纤维的少量酶活组分,随着酶用量的增加,这部分少量酶活组分开始显现其降解活性,使纤维产生剥皮效应,解离出细小纤维组分,使纸浆中细小纤维含量增加,致使纸浆滤水性能变差,降低了果胶酶对 BCTMP 的助滤作用效果。

2. 纸浆浓度的影响

酶处理时纸浆浓度也是影响处理效果的重要因素,较低的纸浆浓度有利于酶在纸浆中的均匀分散,酶与底物作用的选择性较高;但酶浓度相对较低,酶反应活性点少,酶处理效果较差。较高的纸浆浓度增加了酶在浆中的浓度,有利于酶与底物的结合,使酶解反应速率和程度增加,并且有利于降低能耗;但浓度过高,则不利于酶与底物的均匀混合,使酶解作用的选择性变差,反而降低了酶对纸浆的助滤作用效果。图5.18为纸浆浓度对BCTMP滤水性能的影响。

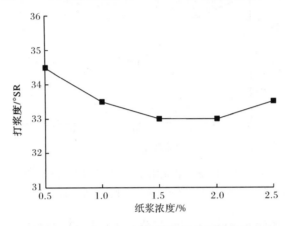

图 5.18　纸浆浓度对 BCTMP 滤水性能的影响
酶用量 1000ppm/g 浆、初始 pH 4.5、温度 45℃、时间 60min

　　随着纸浆浓度的增加,酶对 BCTMP 滤水性能的改善效果先增大后减少,在纸浆浓度为 1.5% 时有较佳的酶助滤作用,相对于原浆,酶处理使打浆度降低了 5.0°SR;随着纸浆浓度的增加,酶处理对 BCTMP 滤水性能的改善效果缓慢下降。虽然在纸浆浓度为 1.5%～2.0% 时有较低的打浆度,比纸浆浓度 1.0% 时低 0.5°SR,滤水性能稍好,但此时纸浆的裂断长只有 2.48km,比纸浆浓度1.0%时低 0.29km,明显低于原浆强度。综合考虑对纸浆滤水性能和纸浆成纸强度性能的影响,较适宜的纸浆浓度为 1.0%。

　　果胶酶处理 BCTMP 的过程中,纸浆浓度对滤水性能的影响并不明显,不同浓度下滤水性能相差较小,但对强度性能有显著影响。随着纸浆浓度的提高,纸浆中底物浓度和酶浓度都增加,增加了酶与底物接触的概率,有利于酶和底物的结合,聚半乳糖醛酸的酶解作用加强,酶处理对 BCTMP 滤水性能的改善效果逐渐增加,并在浓度为 1.0% 时打浆度降幅达到 4.5°SR,滤水性能改善效果较好。当纸浆浓度超过 1.0% 后酶处理助滤作用较弱,而且降低了纸浆成纸强度,原因是纸浆浓度的增加不利于酶与底物的均匀混合,降低了聚半乳糖醛酸的酶解效率,滤水性能改善微弱,但酶中降解纤维的酶活组分在局部表现出足够的活性,使部分纤维结合受到酶解损伤,影响了纸浆的成纸强度。

　　3. 初始 pH 的影响

　　酶作为一种蛋白质其催化活性受到 pH 的影响,酶对纸浆滤水性能的改善作用存在较佳 pH 范围,在此范围内,酶催化能力较强,对纸浆的助滤作用较好。果胶酶处理初始 pH 对 BCTMP 滤水性能的影响如图 5.19 所示。

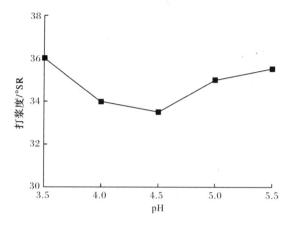

图 5.19　初始 pH 对 BCTMP 滤水性能的影响
酶用量 1000ppm/g 浆、纸浆浓度 1.0%、温度 45℃、时间 60min

果胶酶处理 BCTMP 改善其滤水性能的较佳 pH 为 4.5,此 pH 下酶对 BCT-MP 的助滤效果较好,酶处理对纸浆滤水性能的改善作用较强,打浆度下降幅度较大。低于或高于此 pH,酶的助滤效果都会受到一定程度的影响。

在酶的较佳 pH 作用范围内,果胶酶的酶活性较高,能对纸浆中的阴离子性聚半乳糖醛酸产生较大程度的酶解作用,减少体系阴离子需求量,因而使纸浆滤水性能得到较大程度的改善。pH 低于或高于最佳范围时,果胶酶中起催化作用的残基将产生一定程度的变性,使具有催化作用的残基的催化活性降低,因而引起果胶酶酶解作用的失活,使酶处理效果变差,而且 pH 偏离越多,酶解作用的失活程度越高,酶处理效果也就越差。

4. 酶处理温度的影响

酶的作用特性对温度有高度灵敏性。其他条件保持不变,则酶可有一个较适宜处理温度。酶处理温度对 BCTMP 滤水性能的影响如图 5.20 所示。

由打浆度变化曲线可以看出果胶酶对 BCTMP 的助滤作用较适宜温度为45℃,在此温度下,果胶酶改善 BCTMP 滤水性能效果较好,打浆度降到最低值33.5°SR,比未经过酶处理的原浆打浆度降低了 4.5°SR,酶处理效果明显。低于或高于较适宜反应温度时,酶对 BCTMP 处理的催化效果降低,且偏离此范围越多,酶助滤效果越差。

当温度低于较适宜温度时,酶作用残基未受到热变性作用,酶的催化活力未受影响,但此时酶的作用速率较低,使酶处理对 BCTMP 滤水性能的改善效果增

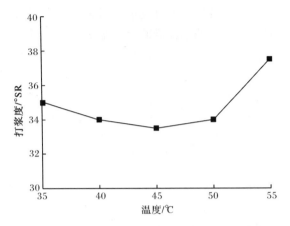

图 5.20　酶处理温度对 BCTMP 滤水性能的影响

酶用量 1000ppm/g 浆、纸浆浓度 1.0%、初始 pH 4.5、时间 60min

加缓慢,尚未达到较佳的助滤效果。当温度高于较适宜作用温度时,虽然温度的升高给予了反应物分子较多的动能,使酶与底物单位时间的有效接触增加,但酶分子中部分起催化作用的残基产生热变性,降低了酶催化的活力,也会导致酶对纸浆滤水性能改善效果的降低,无法达到较佳的助滤效果。

5. 酶处理时间的影响

为了强化酶处理效果,可以延长酶处理时间,增加酶对纸浆的作用效果。果胶酶处理时间对 BCTMP 滤水性能的影响如图 5.21 所示。随着时间的延长,酶助滤效果先增加后减小,表现为纸浆的打浆度先降低后升高。酶处理前期,随着处理时间的增加,酶作用效果增加,到 60min 时打浆度降为 33.5°SR,比原浆下降了 4.5°SR,比处理 30min 时降低了 1.0°SR,此时取得较佳的助滤效果;继续延长处理时间,酶对纸浆滤水性能的改善作用反而降低,酶处理 60~90min,纸浆打浆度上升缓慢,超过 90min 以后,纸浆打浆度急速上升,酶的助滤作用几乎消失。

综上所述,果胶酶处理对 BCTMP 滤水性能具有改善作用,酶处理较佳助滤条件为:果胶酶用量 1000ppm/g 浆、纸浆浓度 1.0%、初始 pH 4.5、酶处理温度 45℃、酶处理时间 60min。经过较佳条件下的果胶酶处理,BCTMP 打浆度由 38.0°SR 下降至 33.5°SR,纸浆的滤水性能得到显著改善。

6. 酶处理对动态滤水时间的影响

果胶酶处理前后 BCTMP 动态滤水性能的变化如图 5.22 所示。酶处理前 BCTMP 动态滤水试验的滤液体积分别为 100mL、200mL 和 300mL 时,对应的动态滤水时间 t_1、t_2 和 t_3 分别为 17.4s、35.9s 和 52.2s。经过果胶酶处理后,BCTMP

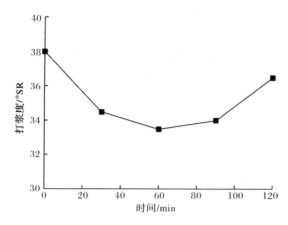

图 5.21　酶处理时间对 BCTMP 滤水性能的影响

酶用量 1000ppm/g 浆、纸浆浓度 1.0%、初始 pH 4.5、温度 45℃、时间 60min

相应的动态滤水时间 t_1、t_2 和 t_3 分别变为 16.0s、32.5s 和 49.9s。基于动态滤水时间 t_3,酶处理将其缩短了 2.3s,使纸浆滤水性能得到较大改善,进一步证实了果胶酶处理对 BCTMP 的助滤作用。

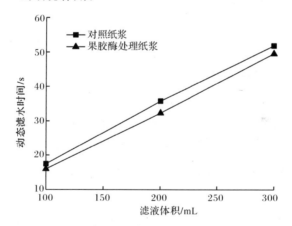

图 5.22　果胶酶处理对 BCTMP 动态滤水性能的影响

酶用量 1000ppm/g 浆、纸浆浓度 1.0%、初始 pH 4.5、温度 45℃、时间 60min

5.3.2　果胶酶的助留作用

果胶酶处理后 BCTMP 的阴离子垃圾物质含量减少,引起了纸浆纤维电荷的变化,这有利于提高纸浆中细小纤维组分的留着。

1. 酶处理对 Zeta 电位的影响

果胶酶处理对 BCTMP Zeta 电位的影响见表 5.15。经过果胶酶处理后，BCTMP 中细小纤维含量由 28.60% 上升为 30.02%，细小纤维含量增加了 4.97%；酶处理后纸浆 Zeta 电位由 -17.4mV 降至 -11.9mV，纸浆纤维表面负电性降低了 5.5mV。

表 5.15　果胶酶处理对 BCTMP Zeta 电位的影响

试样	pH	细小纤维含量/%	Zeta 电位/mV
未处理 BCTMP	7.76	28.60	-17.4
果胶酶处理 BCTMP	7.76	30.02	-11.9

注：酶用量 1000ppm/g 浆、纸浆浓度 1.0%、初始 pH 4.5、温度 45℃、时间 60min。

细小纤维的比表面积大且结晶度低，易于吸水润胀，细小纤维的存在可明显降低纸浆的滤水性能。果胶酶处理后，虽然细小纤维含量有所增加，但纸浆中聚半乳糖醛酸的降解导致纸浆 Zeta 电位大幅度下降，纸浆中游离羧基含量减少，可以改善纸浆的滤水性能，这有利于提高纸机车速和产量。另外，纸浆 Zeta 电位的降低说明纸浆负电荷减少，减弱了细小纤维和纤维之间的排斥力，有利于提高细小纤维的留着率和阳离子电解质的作用能力。

2. 酶处理对细小组分留着率的影响

果胶酶处理后，纸浆 Zeta 电位大幅度降低有利于细小纤维组分在纤维上的絮聚。酶处理前后，纸浆细小纤维组分留着率的变化见表 5.16。果胶酶处理可以明显提高纸浆中细小组分的留着率，改善阳离子聚丙烯酰胺的助留效果。

表 5.16　果胶酶处理对 BCTMP 细小组分留着率的影响

试样	不同阳离子聚丙烯酰胺用量下细小组分留着率/%			
	0	100ppm	200ppm	300ppm
未处理 BCTMP	29.24	31.36	31.68	35.70
果胶酶处理 BCTMP	36.37	36.73	37.05	38.23
改善程度/%	24.38	17.12	16.95	7.09

注：酶用量 1000ppm/g 浆、纸浆浓度 1.0%、初始 pH 4.5、温度 45℃、时间 60min。

酶处理前，细小组分留着率较低；酶处理后，细小组分留着率有了较大提高，在阳离子聚丙烯酰胺用量为 0、100ppm、200ppm 和 300ppm 时，细小纤维组分的留着率分别为 36.37%、36.73%、37.05% 和 38.23%。酶处理对留着的促进作用在阳离子聚丙烯酰胺添加量较低时更为明显，当未使用助留剂时，酶处理对留着的改善程度为 24.38%；而当助留剂用量为 300ppm 时,酶处理对留着改善程度只有 7.09%。

果胶酶处理改善了 BCTMP 的留着性能,酶处理可大幅度降低阳离子聚丙烯酰胺的添加量。酶处理后未添加助留剂的细小纤维组分留着率为 36.37%,远远高于未经过酶处理纸浆的留着率,甚至高于未经过酶处理纸浆添加 300ppm 阳离子助留剂时的留着率。细小纤维组分留着率的大幅度提高,将会影响湿部助剂的作用,因而对纸页性能具有较大影响。

3. 酶处理对 AKD 施胶效果的影响

果胶酶处理能够大幅度降低 BCTMP 的 Zeta 电位,减少纤维表面负电性,提高细小纤维组分在系统中的留着率。细小纤维组分留着率的提高将影响 AKD 在系统中的吸附,并直接影响其施胶效果,见表 5.17。

表 5.17 果胶酶处理对 AKD 施胶的影响

试样	不同 AKD 用量纸浆的施胶度/s						
	0	0.3%	0.4%	0.5%	0.6%	0.7%	0.8%
未处理 BCTMP	1	52.5	59.0	61.0	58.0	57.5	57.0
果胶酶处理 BCTMP	1	55.5	64.0	66.5	62.0	63.5	63.5

注:酶用量 1000ppm/g 浆、纸浆浓度 1.0%、初始 pH 4.5、温度 45℃、时间 60min。

酶处理前,BCTMP 较佳施胶度出现在 AKD 用量为 0.5%(施胶度 61.0s),随着 AKD 用量的增加,BCTMP 的施胶度缓慢降低;酶处理后,BCTMP 的 AKD 施胶的效果有所提高,获得较佳施胶度的 AKD 用量为 0.5%(施胶度 66.5s)。酶处理后,纸浆细小组分留着率提高,大量细小纤维和填料留着在纸页中,细小纤维组分具有较大的比表面积和表面电荷,对 AKD 的吸附作用远大于粗大纤维,细小组分留着率的提高,使 AKD 在纸页中的留着率提高,施胶效果略有提高。

5.3.3 果胶酶的增强作用

果胶酶处理使 BCTMP 细小纤维留着率上升,这将对纸页的物理性能产生影响,见表 5.18。果胶酶处理后,BCTMP 各项强度性能指标均有增加,随着酶用量的增加,纸浆的抗张强度、耐破指数和撕裂指数均呈现先增加后减小的变化趋势。果胶酶的加入,使 BCTMP 的裂断长、耐破指数和撕裂指数均产生一定变化,增加的幅度虽然有差别,但变化趋势一致,且均表现出与滤水性能的改善类似的变化规律。

表 5.18　果胶酶处理对 BCTMP 强度性能的影响

强度指标	酶用量/ppm					
	0	500	1000	1500	2000	对照纸浆
裂断长/km	2.73	2.76	2.76	2.73	2.72	2.72
耐破指数/[(kPa·m²)/g]	1.01	1.05	1.13	1.00	0.97	0.98
撕裂指数/[(mN·m²)/g]	2.25	2.68	2.81	2.71	2.29	2.23

注:酶用量 1000ppm/g 浆、温度 45℃、纸浆浓度 1.0%、初始 pH 4.5、时间 60min。

随着果胶酶用量的增加,酶在纸浆中的浓度增加,更利于酶与底物的结合,促进了纸浆中阴离子物质的酶解,进一步改善了纸浆的强度性能,表现为各项指标的增加。果胶酶处理能明显增强 BCTMP 的撕裂性能,其次为耐破性能,对抗张性能的增加作用极小。可能是因为果胶酶处理 BCTMP 时,纸浆中游离聚半乳糖醛酸酶解成为低聚半乳糖醛酸和单半乳糖醛酸,降低了纸浆中的阴离子垃圾,改善了滤水性能,使细小纤维留着率增加,纤维表面电荷降低,增加了纤维之间的结合;同时,果胶酶中存在的少量降解纤维酶活组分使部分纤维受到损伤,不利于果胶酶处理后 BCTMP 抗张强度的增加,而对耐破指数和撕裂指数的影响较小。

5.3.4　果胶酶处理对纤维特性的影响

1. 酶处理对纤维宽度、粗度和细小纤维含量的影响

果胶酶处理前后,BCTMP 纤维宽度、粗度、细小纤维含量的变化见表 5.19。果胶酶处理后,BCTMP 的纤维宽度和细小纤维含量变化很小,而纤维粗度增加明显。

表 5.19　果胶酶处理对纸浆细小纤维含量、纤维宽度和粗度的影响

试样	细小纤维含量/%		平均宽度/μm	粗度/(mg/100m)
	数量平均	长度加权平均		
未处理 BCTMP	52.80	17.43	20.40	9.80
果胶酶处理 BCTMP	53.03	17.88	19.90	10.90
变化比例/%	0.44	2.58	2.45	11.22

注:酶用量 1000ppm/g 浆、温度 45℃、纸浆浓度 1.0%、初始 pH 4.5、时间 60min。

果胶酶处理后,纸浆的数量平均细小纤维含量和长度加权平均细小纤维含量都有略微增加,这与使用动态滤水装置所测得的变化趋势相同,主要是果胶酶在降解纸浆中游离聚半乳糖醛酸时,其中少量的降解纤维组分使部分纤维产生剥皮

效应,造成细小纤维的少量增加,同时也使纤维宽度略有减小。酶处理后纤维粗度有较大程度的增加,因而从纤维特性方面解释了果胶酶处理对 BCTMP 撕裂指数具有较大增加作用现象。

2. 酶处理对纤维长度的影响

果胶酶处理前后纸浆纤维长度数据见表 5.20。果胶酶处理后,BCTMP 的平均纤维长度基本没有变化。果胶酶的适度处理,主要是降解纸浆中游离聚半乳糖醛酸,降低体系中的阴离子垃圾含量,减少溶解与胶体物质对阳离子聚合电解质的干扰,以改善 BCTMP 的纤维质量。果胶酶处理不会对纤维进行剧烈降解,因而不会引起纤维长度的变化。数量平均长度的微小变化主要是由于果胶酶中所含少量其他酶活使少量纤维产生表面剥皮,增加了细小纤维含量,使纤维平均长度数值出现微小变化。

表 5.20 果胶酶处理对纤维长度的影响 (单位:mm)

试样	数量平均长度	长度加权平均长度	质量加权平均长度
未处理 BCTMP	0.551	0.659	0.767
果胶酶处理 BCTMP	0.546	0.657	0.767

注:酶用量 1000ppm/g 浆、温度 45℃、纸浆浓度 1.0%、初始 pH 4.5、时间 60min。

3. 酶处理对纤维卷曲和扭结的影响

果胶酶处理对 BCTMP 纤维卷曲和扭结的影响见表 5.21。果胶酶处理后,BCTMP 的纤维平均卷曲指数和平均扭结指数及相关指标均有不同程度降低,且降低幅度较大。

表 5.21 果胶酶处理对 BCTMP 纤维卷曲和扭结的影响

试样	平均卷曲指数		平均扭结指数 /mm^{-1}	每毫米长度的扭结数/mm^{-1}
	数量平均	长度加权		
未处理 BCTMP	0.070	0.074	1.23	0.63
果胶酶处理 BCTMP	0.049	0.052	0.98	0.53
变化比例/%	30.00	29.73	20.33	15.87

注:酶用量 1000ppm/g 浆、温度 45℃、纸浆浓度 1.0%、初始 pH 4.5、时间 60min。

5.3.5 X 射线衍射分析

图 5.23 所示为果胶酶处理前后 BCTMP 的 X 射线衍射图。在图 5.23 中,利用积分面积法求得对照纸浆结晶度为 63.95%,果胶酶处理后 BCTMP 的结晶度

为 65.78%,果胶酶处理后纸浆的结晶度略有增加,即酶处理后纸浆纤维素结晶区
比例增加。果胶酶对 BCTMP 的处理主要是降解纸浆中的游离聚半乳糖醛酸,降
低体系中的阴离子垃圾含量,这些阴离子垃圾物质的去除使无定形区比例减小,
结晶区比例增加,纸浆结晶度上升。

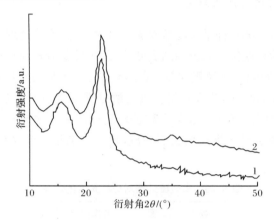

图 5.23　果胶酶处理前后 BCTMP X 射线衍射谱图
1.对照纸浆; 2.果胶酶处理纸浆

5.3.6　环境扫描电镜分析

果胶酶处理前后 BCTMP 的环境扫描电镜图如图 5.24 所示。图 5.24 中的电
镜图较好地显示了果胶酶处理对 BCTMP 的作用情况。未经过酶处理的对照纸
浆,存在大量细长絮状物,它们或附着在长纤维表面,或存在于长纤维之间,长纤
维表面光滑,如图 5.24(a)、(b)所示。果胶酶处理后,如图 5.24(c)、(d)所示,纤维
本身未产生明显的变化,而纤维表面和纤维之间的絮状物有所减少。

（a）对照纸浆 400×　　　　　　　　　　（b）对照纸浆 800×

（c）酶处理纸浆 400×　　　　　　　　　　　（d）酶处理纸浆 800×

图 5.24　果胶酶处理前后 BCTMP 的环境扫描电镜图

酶用量 1000ppm/g 浆、纸浆浓度 1.0%、初始 pH 4.5、温度 45℃、时间 60min

5.3.7　小结

通过对果胶酶处理前后 BCTMP 打浆度、动态滤水时间、Zeta 电位、细小组分留着率、物理强度、纤维质量性能和表面特性等纸浆性能指标的对比分析，可得到以下结论。

（1）果胶酶调控处理 BCTMP 可以在一定程度上改善纸浆性能，对纸浆起到助滤、助留和增强等作用。

（2）果胶酶对 BCTMP 调控处理的优化条件为酶用量 1000ppm/g 浆、纸浆浓度 1.0%、初始 pH 4.5、温度 45℃、时间 60min，酶处理后 BCTMP 的打浆度降低了 4.5°SR，动态滤水时间 t_3 减少了 2.3s；Zeta 电位（负值）降低了 5.5mV，细小组分留着率提高了 24.38%，AKD 施胶效果升高，纸浆成纸物理强度得到了改善。

（3）果胶酶处理后纸浆细小纤维含量稍有增加，纤维平均宽度略有减少，纤维粗度增加，纤维平均长度基本没有变化，纤维平均卷曲指数和扭结指数都有较大程度的下降。

（4）果胶酶可以有选择性地降解 BCTMP 中的聚半乳糖醛酸等阴离子垃圾，酶处理后纸浆的溶解与胶体物质含量降低，纸浆结晶度略有增加。

（5）对果胶酶处理前后纸浆纤维的形态进行对比发现，酶处理后长纤维变化轻微，纤维表面和纤维之间附着的细长絮状物减少。

5.4　复合纤维素酶湿部调控

本节研究了复合纤维素酶对磨木浆的调控作用，通过对比酶处理前后磨木浆的打浆度、动态滤水时间、Zeta 电位、细小纤维含量、细小纤维组分留着率和成纸物理强度等纸浆性能指标的变化,分析了复合纤维素酶处理对磨木浆的助滤、助留和增强作用,优化了酶处理条件,并通过 FQA、X 射线衍射和环境扫描电镜等分析手段探讨了酶处理对纤维质量和表面特性的影响。

原料。阔叶材磨木浆,山东青岛某贸易公司提供;复合纤维素酶,Novozym51059,诺维信公司提供,酶活 4500ECU/g,主要活性为纤维素酶;阳离子聚丙烯酰胺,Percol 292,汽巴精化有限公司提供,相对分子质量 800 万;滑石粉,济南月华科技开发有限公司提供,粒度 325 目;AKD,取自济南某纸厂,固体含量 15%;阳离子淀粉,取自山东滨州某纸厂,取代度>0.035。

复合纤维素酶处理湿部调控磨木浆,去除部分细小纤维,部分长纤维组分被酶解分裂。复合纤维素主要作用在纸浆中半纤维素含量高和纤维素无定形区域,降低了纤维表面电荷,提高了细小纤维在纸浆中的絮聚性能,改善了纸浆的滤水、留着和强度性能。

5.4.1　复合纤维素酶的助滤作用

复合纤维素酶调控处理后,磨木浆的滤水性能得到改善,纸浆打浆度下降,动态滤水时间缩短。分别讨论了酶用量、纸浆浓度、初始 pH、处理温度和处理时间对调控性能的影响,以优化复合纤维素酶处理条件。

1. 酶用量的影响

复合纤维素酶的酶用量对磨木浆滤水性能的影响如图 5.25 所示。使用复合纤维素酶对纸浆进行酶法处理,可以改善磨木浆的滤水性能。随着酶用量的增加,其对滤水性能的改善效果为先增加后降低,表现为打浆度先下降后上升,获得较佳的酶助滤效果的酶用量为 600ppm/g 浆,酶用量下磨木浆打浆度数值为 44.5°SR,下降了 4.0°SR,降幅为 8%。

酶用量的增加相应提高了酶在纸浆中的浓度,这有利于酶与底物的相互结合,促进了酶解反应。当复合纤维素酶在较低用量时,酶优先结合在比表面积较大的细小纤维上,降解纤维表面的无定型区域和半纤维素较多的区域,使纤维表面水化程度和纸浆的细小纤维含量降低,改善了纸浆的滤水性能;酶用量的增加提高了酶在纸浆中的浓度,酶与细小纤维接触的概率增加,酶解反应速率增加,纤维表面水化程度和细小纤维含量降低速率加快,打浆度下降值增加;当酶用量较大时,酶除了与细小纤维优先结合外,尚有部分酶结合在长纤维表面,使长纤维表面的无定型区域降解,纤维表面产生剥皮,使纸浆中的细小纤维含量增加,当酶的用量为 600ppm/g 浆时,虽然纤维表面产生了剥皮,产生了新的细小纤维,但纸浆本身中所含的原生细小纤维含量因受酶解作用而下降,而原有细小纤维比新产生

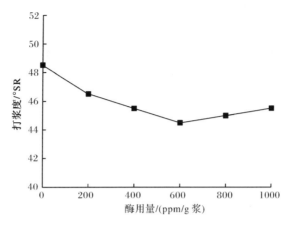

图 5.25　复合纤维素酶用量对磨木浆滤水性能的影响

对照纸浆打浆度 48.5°SR、纸浆浓度 1.0%、初始 pH 7.0、温度 45℃、时间 60min

的细小纤维具有更强的吸水作用,使此时的磨木浆性能依然得到改善,打浆度下降值达到最大值(4.0°SR);当酶用量继续增加时,纸浆中原有的细小纤维与酶的作用已处于饱和状态,这部分细小纤维的降解不再增加,而此时新的细小纤维的产生速率加快,纤维剥皮效应强烈,因而酶用量超过 600ppm/g 浆时,纸浆打浆度开始缓慢上升。

2. 纸浆浓度的影响

酶处理时的纸浆浓度也是影响处理效果的重要因素,图 5.26 为纸浆浓度对BCTMP 滤水性能的影响。随着纸浆浓度的增加,打浆度先降低后增加,在浓度为1.0%时打浆度降幅达最大值(4.0°SR)。纸浆浓度处于低浓度范围时,纸浆浓度的增加相应提高了酶在纸浆中的浓度,这有利于其与底物结合,促进酶解反应的进行,打浆度迅速降低;当纸浆浓度超过 1.0%时,酶液在纸浆中混合不均匀,造成部分区域酶对底物的过剩,而其他部分酶对底物相对不足,使酶对纸浆的改性作用受到影响。局部复合纤维素酶活的过量,导致局部次生细小纤维的增多;而其他部分的原生细小纤维因未接触到足量的酶,酶解作用较小,因而纸浆的打浆度相较于纸浆浓度 1.0%时反而增加。纸浆的强度变化表现出类似规律并当纸浆浓度为 1.5%时裂断长达最大值。因而,在对磨木浆进行复合纤维素酶的处理时,应特别注意纸浆的浓度,综合考虑滤水性能和强度性能。

3. 初始 pH 的影响

复合纤维素酶对磨木浆的助滤作用受初始 pH 的影响(图 5.27)。复合纤维素酶处理改善磨木浆滤水性能的较佳 pH 为 7.0,此 pH 下,酶处理对纸浆的滤水

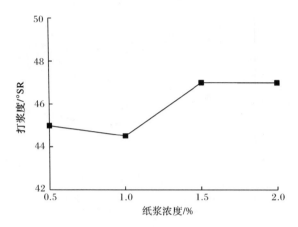

图 5.26　纸浆浓度对磨木浆滤水性能的影响

酶用量 600ppm/g 浆、初始 pH 7.0、温度 45℃、时间 60min

性能改善效果最好,打浆度降幅最大(4.0°SR)。偏离较佳 pH,酶的助滤效果会有一定程度的降低。

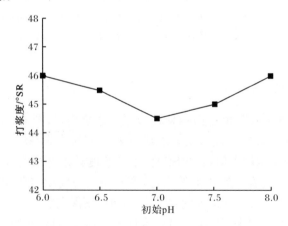

图 5.27　初始 pH 对磨木浆滤水性能的影响

酶用量 600ppm/g 浆、纸浆浓度 1.0%、温度 45℃、时间 60min

　　在酶处理较佳 pH 作用范围内,复合纤维素酶所表现出的酶活性最大,能对纸浆中的细小纤维组分产生最大程度的酶解作用,减少细小纤维组分的含量,改善纸浆的滤水性能。pH 偏离较佳范围时,酶分子中起催化作用的残基将发生一定程度的变性,使残基的催化活性降低,使酶作用效果变差。

　　4. 酶处理温度的影响

　　酶的重要特性之一是对温度的高度灵敏性,温度的升高对酶反应产生两种相反的影响：一方面温度的升高可促进反应速率；另一方面温度升高会引起酶的热变性，降低催化化学。酶处理温度对磨木浆滤水性能的影响如图 5.28 所示。

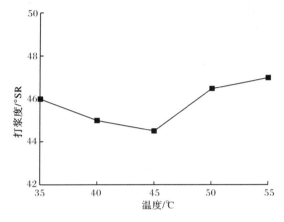

图 5.28 酶处理温度对磨木浆滤水性能的影响
酶用量 600ppm/g 浆、纸浆浓度 1.0%、初始 pH 7.0、时间 60min

复合纤维素酶对磨木浆助滤作用的较适宜温度为 45℃，相应酶改善磨木浆滤水性能的反应活性最大，酶的助滤效果较佳，打浆度降至最低值 44.5°SR，比未经过酶处理的原浆打浆度下降了 4.0°SR。低于或高于较适宜处理温度时，酶对磨木浆的助滤效果均降低。

处理温度从 35℃上升到 45℃时，酶作用效率增大，纸浆的打浆度快速下降；而从 45℃继续上升至 55℃时，酶分子结构中部分起催化作用的残基发生变性，无法继续发挥酶解作用，酶活力降低，酶处理对纸浆的助滤效果下降，纸浆的打浆度上升，滤水性能变差。

5. 酶处理时间的影响

酶处理时间对纸的生产能力和酶的消耗影响很大；为了提高酶处理效果，可以延长酶处理时间。复合纤维素酶的处理时间对磨木浆滤水性能的影响如图 5.29 所示。随着时间的延长，酶助滤效果先增加后减小，表现为纸浆的打浆度先降低后升高。酶处理时间为 30min 时，纸浆打浆度由初始的48.5°SR下降到 45.5°SR，下降了 3.0°SR；继续延长处理时间，纸浆的滤水性能持续改善，到 60min 时，打浆度降至 44.5°SR，比原浆下降了 4.0°SR，相应助滤效果较优；继续延长处理时间，酶对纸浆滤水性能的改善效果反而减弱。

提高酶处理时间可强化酶对底物的酶解作用。酶处理时间小于 60min 时，复合纤维素酶优先作用于细小纤维，使纸浆中原有细小纤维不断降解，直至这部分细小纤维的含量达到最低；同时，虽然存在少量的长纤维剥皮现象，但新产生的细

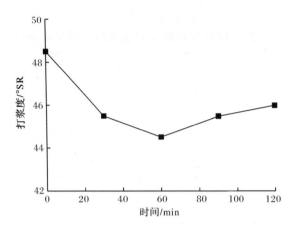

图 5.29　复合纤维素酶处理时间对磨木浆滤水性能的影响
酶用量 600ppm/g 浆、纸浆浓度 1.0%、初始 pH 7.0、温度 45℃

小纤维含量较低,酶解效应主要减少纸浆比表面积和表面水化程度,降低细小纤维含量,从而使纸浆滤水性能得到改善。随着酶解反应的加深,纸浆中原有的细小纤维含量降低,不利于酶继续进行酶解作用,而长纤维表面的剥皮效果显著,纸浆中新产生的细小纤维含量增多,长纤维本身降解又加剧,因而酶处理时间的延长及酶降反应加剧对纸浆性能的削弱作用体现得更加明显,纸浆滤水性能开始变差。

　　综上所述,复合纤维素酶处理可以改善磨木浆的滤水性能,较优酶处理条件为:复合纤维素酶用量 600ppm/g 浆、纸浆浓度 1.0%、初始 pH 7.0、温度 45℃、时间 60min。经过较优条件下的复合纤维素酶处理,磨木浆打浆度由 48.5°SR 下降到44.5°SR,显著改善了纸浆的滤水性能。

　　6. 酶处理对动态滤水时间的影响

　　复合纤维素酶处理前后磨木浆动态滤水性能的变化如图 5.30 所示。酶处理前,磨木浆在动态滤水试验中的滤液体积分别为 100mL、200mL 和 300mL 时,对应的动态滤水时间 t_1、t_2 和 t_3 分别为 14.9s、29.5s 和 45.1s,复合纤维素酶处理后,磨木浆相应的动态滤水时间 t_1、t_2 和 t_3 分别变为 14.0s、28.5s 和 43.2s。基于滤液体积为 300mL 时的动态滤水时间 t_3,酶处理后缩短了 1.9s,使纸浆的滤水性能得到一定程度改善,进一步证实了复合纤维素酶处理对磨木浆的助滤作用。

5.4.2　复合纤维素酶的助留作用

　　复合纤维素酶主要酶解磨木浆中的半纤维素和纤维素无定形区域,使纸浆中的游离羧基和羟基含量减少,引起纸浆的电荷变化,从而有利于细小组分的留着。

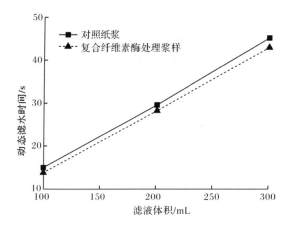

图 5.30　复合纤维素酶处理对磨木浆动态滤水性能的影响
酶用量 600ppm/g 浆、纸浆浓度 1.0%、初始 pH 7.0、温度 45℃、时间 60min

1. 酶处理对 Zeta 电位的影响

复合纤维素酶处理对磨木浆 Zeta 电位的影响见表 5.22。经过酶处理后,磨木浆中细小纤维含量由 23.12% 上升为 26.80%,细小纤维含量增加了 15.92%;酶处理后,纸浆 Zeta 电位由 -9.5mV 降至 -8.7mV,纸浆纤维表面负电性降低了 0.8mV。纤维性细小纤维,由于结晶度低,易于吸水润胀,保水值较高,加上较大的比表面积,细小纤维的存在可明显降低纸浆的滤水性能。而纸浆生产过程中产生的纤维碎片比原生细小纤维更容易吸水润胀,相应对滤水能力的影响程度更大。经过复合纤维素酶处理后,纸浆中的细小纤维含量有所增加,而且半纤维素区域和纤维素无定形区域也被大量降解,造成纸浆 Zeta 电位的降低,纸浆中游离羧基含量减少,改善了纸浆的滤水能力,有利于提高纸机车速和产量。同时,纸浆 Zeta 电位的降低,负电荷的减少,减弱了细小纤维和纤维之间的排斥力。

表 5.22　复合纤维素酶处理对磨木浆 Zeta 电位的影响

试样	pH	细小纤维含量/%	Zeta 电位/mV
未处理磨木浆	7.76	23.12	-9.5
复合纤维素酶处理磨木浆	7.76	26.80	-8.7

注:酶用量 600ppm/g 浆、纸浆浓度 1.0%、初始 pH 7.0、温度 45℃、时间 60min。

2. 酶处理对细小组分留着率的影响

复合纤维素酶处理后,纸浆 Zeta 电位降低,这有利于细小组分在纤维上的絮聚,进而提高阳离子聚合电解质的使用效率。酶处理前后,纸浆细小组分留着率的变化见表 5.23。复合纤维素酶处理可以大幅度提高细小纤维组分的留着,强化阳离子聚丙烯酰胺的助留作用,尤其是在助留剂用量较低的情况下。酶处理前,细小组分的留着率较低,酶处理后留着率进一步得到改善,尤其是在阳离子聚丙烯酰胺添加量较低时更为明显,不使用助留剂时酶处理对留着的改善程度为 47. 74%;而当助留剂用量达到 300ppm 时,酶处理对留着的改善程度降至 28.17%。

表 5.23　复合纤维素酶处理对磨木浆细小组分留着率的影响

试样	不同阳离子聚丙烯酰胺用量下细小组分留着率/%			
	0	100ppm	200ppm	300ppm
未处理磨木浆	17. 51	18. 06	18. 17	22. 01
复合纤维素酶处理磨木浆	25. 87	26. 06	26. 12	28. 21
改善程度/%	47. 74	44. 30	43. 75	28. 17

注:酶用量 600ppm/g 浆、纸浆浓度 1.0%、初始 pH 7.0、温度 45℃、时间 60min。

复合纤维素酶处理可以显著改善磨木浆的助留作用,相应降低阳离子聚丙烯酰胺的用量。酶处理后,未添加助留剂的细小组分留着率为 25.87%,远高于未经过酶处理纸浆的留着率,甚至高于阳离子助留剂用量为 300ppm 时的留着率。酶处理对磨木浆的助留作用明显好于阳离子聚丙烯酰胺。

3. 酶处理对 AKD 施胶效果的影响

复合纤维素酶处理能够降低磨木浆的 Zeta 电位,减少纤维表面电负性,大幅度提高细小组分在系统中的留着。细小组分留着率的提高,影响 AKD 在系统中的吸附,并直接影响其施胶效果,见表 5.24。复合纤维素酶处理导致磨木浆 AKD 施胶性能下降。酶处理前,AKD 用量为 0.6% 时磨木浆施胶度最高(56.5s),随着 AKD 用量的增加,磨木浆的施胶度逐渐降低;酶处理后磨木浆 AKD 施胶的效果有所降低,AKD 用量为 0.6% 时施胶度达最高值(52.0s)。

表 5.24　复合纤维素酶处理对 AKD 施胶的影响

试样	不同 AKD 用量纸浆的施胶度/s						
	0	0.3%	0.4%	0.5%	0.6%	0.7%	0.8%
未处理磨木浆	1	45. 5	49. 0	53. 5	56. 5	56. 0	50. 5
复合纤维素酶处理磨木浆	1	41. 0	42. 0	48. 5	52. 0	50. 0	49. 0

注:酶用量 600ppm/g 浆、纸浆浓度 1.0%、初始 pH 7.0、温度 45℃、时间 60min。

酶处理后,纸浆的细小组分含量和留着率提高,使大量细小纤维和填料留着在纸页中,细小组分具有较大的比表面积和表面电荷,对 AKD 的吸附作用远大于粗大纤维,大量 AKD 吸附在细小组分上,将降低 AKD 在粗大纤维上的吸附,影响施胶反应的有效进行,施胶效果下降。

5.4.3 复合纤维素酶的增强作用

复合纤维素酶处理引起磨木浆细小纤维留着率的提高,同时对酶纤维的酶解反应将导致成纸的物理性能发生变化,见表 5.25。复合纤维素酶处理后,磨木浆的各项强度性能均有增加,随着酶用量的增加,纸浆的抗张强度、耐破指数和撕裂指数均呈现出先增加后减小的变化趋势。

表 5.25 复合纤维素酶处理对磨木浆强度性能的影响

强度指标	酶用量/(ppm/g 浆)						
	0	200	400	600	800	1000	原浆
裂断长/km	3.24	3.38	3.42	3.43	3.36	3.34	3.24
耐破指数/[(kPa·m²)/g]	1.72	1.77	1.86	1.93	1.78	1.67	1.71
撕裂指数/[(mN·m²)/g]	6.25	6.28	6.51	6.62	6.45	6.34	6.24

注:酶处理温度 45℃、纸浆浓度 1.0%、初始 pH 7.0、时间 60min。

酶分子较大,酶解作用主要从纤维表面逐渐向内深入,使纤维发生纵向分离,而对纤维的横向断裂作用很弱。随着复合纤维素酶用量的增加,酶在纸浆中的浓度增加,将更利于酶与底物的相互结合,促进了纸浆中阴离子物质的降低,进一步改善了纸浆的成纸强度性能,表现为各项指标的增加。复合纤维素酶处理对磨木浆的耐破指数的增强明显,其次为撕裂指数和抗张指数。

5.4.4 复合纤维素酶处理对纤维特性的影响

1. 酶处理对纤维宽度、粗度、细小纤维含量的影响

复合纤维素酶处理前后纤维宽度、粗度和细小纤维含量的对比见表 5.26。复合纤维素酶处理前后,磨木浆纤维宽度和数量平均细小纤维含量变化不大,而长度加权细小纤维含量略有提高,纤维粗度有明显增加。酶处理后,纸浆的长度加权平均细小纤维含量有少量的增加,这与动态滤水性能试验结论相同。复合纤维素酶在降解半纤维素含量高的区域和纤维素无定形区域时,部分纤维产生剥皮效应,造成细小纤维的增加。酶处理后纤维粗度也稍有增加。

表 5.26 复合纤维素酶处理对纸浆细小纤维含量、纤维宽度和粗度的影响

试样	细小纤维含量/%		平均宽度/μm	粗度/(mg/100m)
	数量平均	长度加权平均		
未处理磨木浆	70.89	28.39	29.20	12.60

续表

试样	细小纤维含量/%		平均宽度/μm	粗度/(mg/100m)
	数量平均	长度加权平均		
复合纤维素酶处理磨木浆	71.51	29.57	29.40	13.70
变化比例/%	0.88	4.16	0.68	8.73

注:酶用量 600ppm/g 浆、温度 45℃、纸浆浓度 1.0%、初始 pH 7.0、时间 60min。

2. 酶处理对纤维长度的影响

复合纤维素酶处理前后纸浆纤维长度变化见表 5.27。复合纤维素酶处理后，磨木浆平均纤维长度略有减小。复合纤维素酶的处理对纤维存在降解作用，使纤维纵向分裂，产生新的细小纤维，使纸浆中细小纤维含量增加，纤维平均长度减小。

表 5.27　复合纤维素酶处理对纤维长度的影响　　　　（单位:mm）

试样	数量平均长度	长度加权平均长度	质量加权平均长度
未处理磨木浆	0.646	1.157	1.798
复合纤维素酶处理磨木浆	0.627	1.130	1.755
变化比例/%	2.94	2.33	2.39

注:酶用量 600ppm/g 浆、温度 45℃、纸浆浓度 1.0%、初始 pH 7.0、时间 60min。

3. 酶处理对纤维卷曲和扭结的影响

复合纤维素酶处理对磨木浆纤维卷曲和扭结的影响见表 5.28。复合纤维素酶处理后，纤维平均卷曲指数和平均扭结指数及相关指标都大幅度降低。纤维卷曲和扭结的减少，可能有以下两个原因:一是纤维卷曲和扭结处易于与酶结合，容易受到酶的攻击;二是纸浆在酶处理过程中受到机械搅拌和热作用，使纸浆潜态性在一定程度上得到改善。

表 5.28　复合纤维素酶处理对纸浆纤维卷曲和扭结的影响

试样	平均卷曲指数		平均扭结指数/mm^{-1}	每毫米长度的扭结数/mm^{-1}
	数量平均	长度加权		
未处理磨木浆	0.098	0.103	1.50	0.69
复合纤维素酶处理磨木浆	0.068	0.066	1.15	0.52
变化比例/%	30.61	35.92	23.33	24.64

注:酶用量 600ppm/g 浆、温度 45℃、纸浆浓度 1.0%、初始 pH 7.0、时间 60min。

5.4.5 X 射线衍射分析

图 5.31 为复合纤维素酶处理前后磨木浆的 X 射线衍射图。复合纤维素酶处理前磨木浆的结晶度为 63.18%,复合纤维素酶处理后磨木浆的结晶度为 67.43%,复合纤维素酶处理导致纤维素结晶区比例增加。复合纤维素酶主要酶解纸浆中的半纤维素区域和纤维素无定形区域,酶解作用使无定形区比例减小,结晶区比例增加。

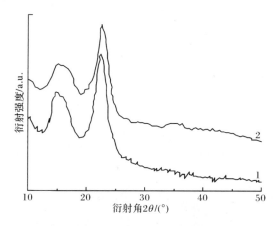

图 5.31 复合纤维素酶处理前后磨木浆的 X 射线衍射谱图
1. 对照纸浆;2. 复合纤维素酶处理纸浆

5.4.6 环境扫描电镜分析

复合纤维素酶处理对纸浆存在多种作用。首先,酶处理会选择性地去除部分细小纤维;其次,酶处理优先作用于纸浆中半纤维素含量较高的区域和纤维素无定形区域,使纸浆比表面积和表面水化程度降低。另外,酶处理使纸浆中 Zeta 电位降低,提高了细小纤维的絮聚性,因而具有一定的助滤、助留作用。复合纤维素酶处理对磨木浆纤维微观形态的影响如图 5.32 所示。未经过酶处理的纸浆中存在大量的纤维束和纤维碎片,长纤维表面较光滑,个别部位存在一些纤维扭结现象,纤维挺硬。复合纤维素酶处理后,纤维之间纤维束和纤维碎片含量有所减少,纤维表面出现一些凹痕和剥皮现象,纤维变得较为柔软和扁平。

5.4.7 小结

对复合纤维素酶处理磨木浆前后打浆度、动态滤水时间、Zeta 电位、细小组分留着率、物理强度、纤维质量性能和表面特性等纸浆性能指标的对比分析,可得到以下结论。

（1）复合纤维素酶调控处理磨木浆可以改善纸浆性能，对纸浆具有助滤、助留和增强等作用。

 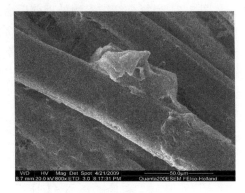

（a）对照纸浆 400×　　　　　　　（b）对照纸浆 800×

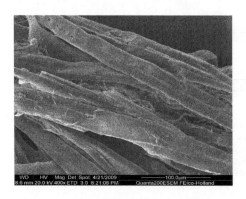 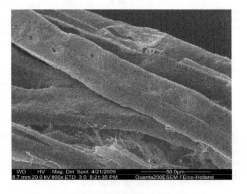

（c）酶处理纸浆 400×　　　　　　　（d）酶处理纸浆 800×

图 5.32　复合纤维素酶处理前后磨木浆的环境扫描电镜图
酶用量 600ppm/g 浆、纸浆浓度 1.0%、初始 pH 7.0、温度 45℃、时间 60min

（2）复合纤维素酶对磨木浆的调控处理优化条件为酶用量 600ppm/g 浆、纸浆浓度 1.0%、初始 pH 7.0、处理温度 45℃、处理时间 60min，磨木浆打浆度下降了 4.0°SR，动态滤水时间 t_3 减少了 1.9s；Zeta 电位（负值）降低了 0.8mV，细小组分留着率提高了 47.74%，AKD 施胶效果下降；纸浆成纸物理强度有所改善。

（3）复合纤维素酶处理后，纸浆细小纤维含量和纤维平均宽度略有增加，纤维粗度增加，纤维平均长度略有降低，纤维平均卷曲指数和扭结指数都有明显下降。

（4）复合纤维素酶优先降解纸浆中的半纤维素和纤维素无定形区域，纸浆中无定形区面积减少，结晶区面积所占比例上升。

（5）复合纤维素酶处理后纸浆中的长纤维表面出现凹痕和剥皮现象，纤维之间的纤维束和纤维碎片减少。

参 考 文 献

陈海峰,陈克复,尚久浩.2002.用滤水曲线评价纸浆滤水性.中国造纸,22(5):29-32.

董毅.2009.酶在纸浆抄造过程中的助留助滤和增强作用.济南:山东轻工业学院硕士学位论文.

董毅,陈嘉川,姜伟,等.2009.果胶酶处理改善 APMP 质量的研究.造纸化学品,21(4):2-5.

韩巍.2007.木浆纤维质量及检测分析方法.黑龙江科技信息,17:5-6.

何北海,张春梅,伍红,等.1999.纸浆悬浮液 Zeta 电位分析的初步研究.中国造纸学报,14:
　69-75.

李海龙,陈嘉川,詹怀宇,等.2008.木聚糖酶处理后麦草浆的表面形态及化学组成.华南理工大
　学学报,36(3):55-59.

李坤兰,庞军,王桂霞,等.1999.用动态脱水仪评价造纸助剂助留效果的研究(I)动态脱水仪研
　究硫酸铝对聚丙烯酰胺助留效果及对纸浆滤水效率的影响.造纸化学品,11(1):2-5.

刘云云,田志强,于亚新,等.2009.机械浆过氧化氢漂白过程中聚半乳糖醛酸的酶降解.国际造
　纸,28(1):1-5.

穆永生.2009.高得率浆酶促精浆及酶法改性的研究.济南:山东轻工业学院硕士学位论文.

王丹枫.1999.纤维形态参数及测量.中国造纸,18(1):36-39.

吴芹,陈嘉川,董毅,等.2010.酶法改善化机浆湿部化学特性.纸和造纸,29(3):73-77.

吴学栋,陈鹏.2003.纸浆纤维的卷曲对纸和纸板性能的影响.纸和造纸,22(3):70-71.

谢来苏,杨波,隆言泉.1990.纸浆的动态滤水测定及与静态滤水测定的关系.天津造纸,
　12(1-2):25-29.

杨婷婷.2007.纤维特征对纸张结构和性能的影响.广西轻工业,10:15-18.

朱勇强,谢来苏,薛仰舱,等.1995.用动态脱水仪评价造纸助剂助留效果的研究.中国造纸,
　15(5):41-45.

邹军,嵇耀扬,李莉,等.2008.纸浆滤水性能评价方法研究进展.纸和造纸,27(A1):72-75.

Pommier D J. 1991. The use of enzymes in paper & board making. Paper Technology,
　73(4):50-53.